Das Lebensdauernetz

Wahrscheinlichkeitspapier für die Weibull-Verteilung

Erläuterungen
und Handhabung

Bearbeitet von

Dr. V. Steinecke
im Einvernehmen und unter redaktioneller Mitarbeit
der Arbeitsgruppe 15
der Deutschen Gesellschaft für Qualität

Deutsche Gesellschaft für Qualität e.V. (DGQ)
Kurhessenstr. 95, 6000 Frankfurt am Main 50
1979

DGQ-Schrift Nr. 17-25

Das Lebensdauernetz

2. korr. Auflage 1979

Hrsg.: Deutsche Gesellschaft für Qualität e.V., Ffm.,
Berlin: Beuth Verlag GmbH 1979, 58 S., 21 B., 3 T., DIN A 5, brosch.
ISBN 3-410-32757-6

Vorhergehende Auflage:
ISBN 3-410-32721-5, 1. Auflage 1975

Haftungsausschluß

DGQ-Schriften sind Empfehlungen, die jedermann frei zur Anwendung stehen. Wer sie anwendet, hat für die richtige Anwendung im konkreten Fall Sorge zu tragen.

Die DGQ-Schriften berücksichtigen den zum Zeitpunkt der jeweiligen Ausgabe herrschenden Stand der Technik. Durch das Anwenden der DGQ-Empfehlungen entzieht sich niemand der Verantwortung für sein eigenes Handeln. Jeder handelt insoweit auf eigene Gefahr. Eine Haftung der DGQ und derjenigen, die an DGQ-Empfehlungen beteiligt sind, ist ausgeschlossen.

Jeder wird gebeten, wenn er bei der Anwendung der DGQ-Empfehlungen auf Unrichtigkeiten oder die Möglichkeiten einer unrichtigen Auslegung stößt, dies der DGQ umgehend mitzuteilen, damit etwaige Mängel beseitigt werden können.

(Auf die Gestaltung und den Inhalt des nachstehenden Blockes hat die DGQ keinen Einfluß.)

CIP-Kurztitelaufnahme der Deutschen Bibliothek

Steinecke, Volkmar:
Das Lebensdauernetz: Erl. u. Handhabung / [bearb. von V. Steinecke im Einvernehmen u. unter red. Mitarb. d. Arbeitsgruppe 15 d. Dt. Ges. für Qualität]. DGQ. – 2., korrigierte Aufl. – Berlin: Beuth, 1979
(DGQ: 17-25)
ISBN 3-410-32757-6
NE: HST

DAS LEBENSDAUERNETZ

Inhalt

Seite

Lebensdauernetz und zugehöriges Auswerteblatt können als Block zusammen mit einer kurzgefaßten Gebrauchsanleitung von dem Beuth Verlag unter der Bestell-Nr. 32722 DGQ 18-187 bezogen werden.

Vorwort

Das Lebensdauernetz für Weibull-verteilte Zufallsvariable ist ein in der Praxis vielfach bewährtes Hilfsmittel. Zahlreiche Firmen bedienen sich seiner, weil es einfach zu handhaben ist und klar interpretierbare Aussagen liefert.
Seit längerer Zeit bestand daher der Wunsch, dieses Netz mit einer für den Praktiker geschriebenen Erläuterung im Rahmen der Schriftenreihe der Deutschen Gesellschaft für Qualität als Arbeitshilfsmittel herauszubringen. Dabei sollten die Erfahrungen möglichst vieler Firmen berücksichtigt werden.

Die DGQ ist Herrn Dr. V. Steinecke, Dortmund, zu großem Dank dafür verpflichtet, daß er eine bereits vorliegende Arbeit diesem Zweck zur Verfügung gestellt hat. Die AG 15 ,,Zuverlässigkeit'' der DGQ hat unter der Obmannschaft von Herrn Direktor R. Brohm, Mannheim, diese Arbeit diskutiert, dazu Wünsche geäußert und Anregungen gegeben, die eingearbeitet wurden. So ist eine Schrift entstanden, die bei aller Originalität des Ursprungs die Züge der Gemeinschaftsarbeit nicht vermissen läßt.
Der Dank der DGQ gilt daher nicht weniger den Mitgliedern der Arbeitsgruppe 15.

Der Schrift sei weite Verbreitung gewünscht, denn gerade die quantitative Analyse von Lebensdauerproblemen kann wesentlich dazu beitragen, rational begründete Maßnahmen zur Verbesserung der Zuverlässigkeit zu treffen.

Prof. W. Masing

Vorsitzender der
DEUTSCHEN GESELLSCHAFT
FÜR QUALITÄT e.V.

Vorwort zur 2. Auflage

Das Lebensdauernetz und die erläuternde DGQ-Schrift haben inzwischen erfreuliche Verbreitung in verschiedenen Industriezweigen gefunden, sodaß eine durchgesehene und ergänzte Neuauflage erscheinen kann.

Prof. W. Masing

Das Lebensdauernetz – Erläuterungen und Handhabung

Wahrscheinlichkeitspapier für die WEIBULL-Verteilung nach STANGE und GUMBEL *

O. Kurzfassung der Gebrauchsanleitung

Das Lebendsdauernetz dient zur Auswertung von Stichprobenmeßwerten – besonders von Lebensdauermerkmalen –, für deren Grundgesamtheit eine WEIBULL-Verteilung angenommen werden kann: Prüfung der Verteilungsform, graphische Ermittlung der Verteilungsparameter, graphische Darstellung der Ausfallrate. Netz- und Auswerteblatt werden ähnlich gehandhabt wie das Wahrscheinlichkeitsnetz der Normalverteilung.

(1) Bilden der Häufigkeitssummen H_j (Oberteil des Auswerteblattes, siehe Bild 4)

(a) Großer Stichprobenumfang ($n \gtrsim 50$): Einteilung der Einzelwerte in 5 - 20 Klassen (Klassennr. j). Auszählen der absoluten Häufigkeit (Besetzungszahl) n_j, Aufsummieren in G_j und Berechnen der Häufigkeitssumme $H_j = G_j/n$ in %.

(b) Kleiner Stichprobenumfang: Ordnen der Einzelwerte der Größe nach in aufsteigender Reihenfolge (Ordnungsnr. j). Jedem Einzelwert ist ein Häufigkeitssummenwert nach Tabelle oder einer Näherungsformel z.B. $H_j = (j - 0{,}5)/n$, zugeordnet.

(2) Eintragung der Häufigkeitssummenwerte in das Lebensdauernetz (siehe Bild 5)

Die nach (1) gebildeten Häufigkeitssummen sind im Falle (a) über den oberen Klassengrenzen aufzutragen (dabei entfällt die höchste Klasse), im Falle (b) über den Einzelwerten. Abszissenteilung ggf. mit Zehnerpotenzen skalieren.

(3) Häufigkeitssummenlinie (siehe Bild 6)

Die nach (2) eingetragenen Punkte bilden im Lebensdauernetz eine von links unten nach rechts oben steigende Folge. Läßt sich diese Punktfolge im Mittelfeld zwischen etwa 5 und 95% Häufigkeitssumme hinreichend gut durch eine gerade Linie ausgleichen, so ist anzunehmen, daß die Grundgesamtheit einer WEIBULL-Verteilung mit der Verteilungsfunktion

$$F(t) = 1 - exp\left[-\left(\frac{t}{T}\right)^{b}\right] \qquad t, T \geq 0, b > 0$$

* DGQ 187, Bestell-Nr. 32722, Beuth Verlag GmbH, Berlin und Köln, Block (50 Blatt) mit Anleitung.

mit Ausgangswert $t_0 = 0$ gehorcht. Die ausgleichende Häufigkeitssummengerade der Stichprobe ist dann eine graphische Schätzung für die den Vorgang beschreibende WEIBULL-Wahrscheinlichkeitsverteilung der Grundgesamtheit.

(4) Graphische Ermittlung der Maßzahlen ***T*** und ***b*** (siehe Bild 6)

Die gleiche Bedeutung wie Mittelwert und Standardabweichung für die Normalverteilung haben die Maßzahlen Charakteristische Lebensdauer ***T*** und Ausfallsteilheit ***b*** für die WEIBULL-Verteilung. Der Schätzwert für ***T*** ist unter dem Schnittpunkt der Häufigkeitssummengeraden mit der 63,2 %-Horizontalen an der Abszisse abzulesen. Parallelverschiebung der Häufigkeitssummengeraden durch den Pol ***P*** liefert an der rechten Randteilung den Ablesepunkt für den Schätzwert von ***b***.

(5) Dokumentation der Maßzahlen ***T*** und ***b*** (Mittelteil des Auswerteblattes)

Eintragen in die dafür vorgesehenen Felder.

(6) Bestimmung der Ausfallrate λ ***(t)*** aus ***T*** und ***b*** (Netz im Unterteil des Auswerteblattes)

Anreißen von ***b*** an der rechten Randteilung. Verbindungslinie durch den Pol ergibt eine Neigungsgerade. Parallelverschiebung der Neigungsgeraden durch den Punkt mit der Abszisse ***T*** und der Ordinate ***b/T*** liefert im dargestellten doppeltlogarithmischen Netz die Gerade für die graphische Schätzung der WEIBULL-Ausfallrate der Grundgesamtheit. Beide Teilungen ggf. mit Zehnerpotenzen skalieren.

1. Zum Verteilungsgesetz von Lebensdauermerkmalen

1.1. Allgemeine Bemerkungen

Die Erfassung, Auswertung und Vorausschätzung der Lebensdauer von Bauteilen, Werkstücken oder komplexen Anlagen ist Kern aller theoretischen Überlegungen und praktischen Untersuchungen auf dem Gebiet der Technischen Zuverlässigkeit.
Themen wie Funktionssicherheit elektronischer Baugruppen, Dauerschwingfestigkeit von Metallen, vorbeugende Instandhaltung oder Investititionsrechnungen stehen in unmittelbarem Zusammenhang mit dem Begriff der Lebensdauer. Auch die Individuen soziologischer oder volkswirtschaftlicher „Bestandsmassen" lassen sich durch ihre „Lebensdauer" beschreiben, weil sie nach Ablauf einer bestimmten Verweildauer wieder aus der Gesamtheit ausscheiden

(Fluktuation von Belegschaftsangehörigen, Aktionszeitraum von Handelsgesellschaften, Gültigkeitsdauer von Vorschriften usw.). Schließlich sind auch die zufälligen Ankunftsabstände in einem Warteschlangenprozeß als „Lebensdauer" zu deuten.

1.2. Begriff der Lebensdauer

Abgesehen von den eliminierbaren Umwelteinflüssen ist die Lebensdauer dem Zufall unterworfen. Sie läßt sich deshalb für gleichartige Elemente stichprobenhaft als Häufigkeitsverteilung bzw. in der Grundgesamtheit durch eine geeignete Wahrscheinlichkeitsverteilung für meßbare Variable darstellen. Ihr Merkmal t ist entweder eine kontinuierliche, allenfalls unterbrochene Zeitdauer von Beginn der Lebensdauerzählung bis zum Ausfall (Kalenderzeit, Betriebszeit, Nutzungszeit, Laufzeit) oder eine äquivalente Angabe über die Anzahl Beanspruchungsfälle bis zum Ausfall (Belastungszyklen, Abschaltungen usw.) oder bei Fahrzeugen die zurückgelegte Wegstrecke.
Dabei ist das Ausfallkriterium nicht immer natürlich gegeben wie z.B. „Bruch", sondern muß eindeutig als „Invaliditätsgrad" festgesetzt werden (FISCHER).

1.3. Wahrscheinlichkeitsbegriffe bei Lebensdauern

Bei Lebensdaueruntersuchungen hat die zur Wahrscheinlichkeitsdichtefunktion $f(t)$ gehörende Verteilungsfunktion $F(t)$ als Ausfallwahrscheinlichkeit – bzw. ihr Komplement $R(t) = 1 - F(t)$ als Überlebenswahrscheinlichkeit – besondere Bedeutung. Als Ausfallrate bezeichnet man die Wahrscheinlichkeitsdichte $f(t)$ im Moment t unter der Bedinung, daß das Element bis zu diesem Moment ausfallfrei arbeitete, d.h. die Ausfalldichte bezogen auf die Überlebenswahrscheinlichkeit $R(t)$:

$$\lambda(t) = \frac{f(t)}{R(t)}$$

Anschaulich ist $\lambda(t)$ die Wahrscheinlichkeit dafür, daß das bis t nicht ausgefallene Element in der darauffolgenden (kleinen) Zeiteinheit dt ausfällt und ist damit ein Charakteristikum für die Zuverlässigkeit eines Elements aus der Gesamtheit in jedem vorgegebenen Zeitpunkt. Aus genügend vielen, in Zeitintervalle w eingeteilten Beobachtungen einer Stichprobe kann die Ausfallquote für den Anfang eines jeden Intervalls j als Näherung für die Ausfallrate der Grundgesamtheit bestimmt werden:

$$\lambda_j = \frac{h_j}{(1 - H_{j-1})\,w}$$

(h_j = relative Ausfallhäufigkeit im Intervall j, H_{j-1} = Häufigkeitssumme der Ausfälle am Ende des Intervalls $j-1$)

Allgemein ist die Ausfallrate in Form der bekannten ,,Badewannenkurve" vom Lebensalter abhängig (Bild 1). Als Lebensalter eines Individuums ist hier ein beliebiger Zeitpunkt zwischen dem Beginn der Lebensdauerzählung und deren Ende, der Lebensdauer, gemeint. Es zeigt sich, daß die Lebensdauer innerhalb jeder dieser drei Phasen einheitlichen Verteilungsgesetzen gehorcht. Gesamtheiten, die während ihres Lebenslaufs zwei oder gar alle drei Phasen überstreichen, führen zu Mischverteilungen.

1.4. Die WEIBULL-Verteilung

Theoretische Überlegungen (z.B. GUMBEL) und zahlreiche empirische Untersuchungen (z.B. STANGE) lassen die WEIBULL-GNEDENKO-Exponentialverteilung — im folgenden dem allgemeinen Sprachgebrauch folgend kurz als WEIBULL-Verteilung bezeichnet — als besonders geeignet erscheinen, Lebensdauermerkmale in allen drei Phasen mit monoton fallender, konstanter oder wachsender Ausfallrate zu beschreiben. Darüber hinaus eigent sich die WEIBULL-Verteilung auch zur Auswertung von lebensdauerbeeinflussenden Lastmerkmalen, wie z.B. Spannung, Kraft, Wellenamplituden und weiterhin von Ankunftsabständen bei Bedienungsvorgängen und zur Darstellung von Korngrößen.

Als erster hat WEIBULL 1951 auf die breite Anwendbarkeit dieser von ihm bereits 1939 angesetzten Verteilung hingewiesen. GNEDENKO fand 1941 das gleiche Verteilungsgesetz bei der mathematischen Ableitung der Wahrscheinlichkeit von Extremwerten. Für die Beschreibung von Siebfraktionen wurde die Verteilung schon 1933 von ROSIN, RAMMLER und SPERLING aus der Theorie des Mahlvorgangs hergeleitet.

Gelegentlich werden bei dynamischen Festigkeitsversuchen WEIBULL-Verteilungen höherer Ordnung verwendet (z.B. 2. Ordnung, LÜDERS — HOFFMANN — GIESELER), um eine noch bessere Anpassung an die Beobachtung zu erzielen. Diese theoretisch bisher nicht begründbare Erweiterung wird hier nicht behandelt.

1.5. Verlauf und Parameter der WEIBULL-Verteilung

Die WEIBULL-Wahrscheinlichkeitsverteilung mit der Verteilungsfunktion

$$F(t) = 1 - exp\left[-\left(\frac{t - t_o}{T - t_o}\right)^b\right] \qquad \begin{aligned} t - t_o &\geq 0 \\ T - t_o &\geq 0 \\ b &> 0 \end{aligned}$$

ist durch die drei Parameter

T = Charakteristische Lebensdauer als Maß für die mittlere Lage, definiert für die Ausfallwahrscheinlichkeit $1 - 1/e = 0{,}632 = 63{,}2\ \%$

b = Ausfallsteilheit > 0 als Maß für die Streuung, mit dem in der Praxis vorkommenden Bereich $1/4 \lesssim b \lesssim 5$

t_o = Ausgangswert (Zeitpunkt) für den Beginn der Auswirkung einer Beanspruchung

gekennzeichnet. Sie ist daher in ganz ähnlicher Weise flexibel wie die ebenfalls dreiparametrige logarithmische Normverteilung ($\tilde{x}$ = Zentralwert oder Median, g = Grundspanne, x_o = Ausgangswert oder „Fluchtpunkt" für die Auswirkung des Zufallsprozesses). Der Verlauf der Wahrscheinlichkeitsdichtefunktion

$$f(t) = \frac{b}{T - t_o} \left(\frac{t - t_o}{T - t_o}\right)^{b-1} \exp - \left(\frac{t - t_o}{T - t_o}\right)^{b}$$

ist für die relative Lebensdauer $t' = \left(\frac{t - t_o}{T - t_o}\right)$, bei verschiedenen Werten der Ausfallsteilheit b
in Bild 2 dargestellt.

(Anmerkung: Zur Erleichterung für den Benutzer sind die für eine Auswertung nötigen Rechenformeln eingerahmt. Alle übrigen Formeln dienen nur dem Verständnis.)

Ein von Null verschiedener Parameter t_o ist dann erforderlich, wenn die gemessene Lebesdauer nicht mit der Zeit übereinstimmt, die seit dem Beginn des die Lebensdauer beeinflussenden Vorgangs verstrichen ist. Dies ist z.B. der Fall, wenn die volle Beanspruchung erst nach einer Einfahrzeit einsetzt, der Beanspruchungsvorgang also eine „Inkubationszeit" hat (TITTES). $t_o > 0$ bedeutet dann eine Mindestlebensdauer. Andererseits kann ein Teil der Beanspruchung bereits vor Beginn der Lebensdauerzählung, etwa auf dem Transport zum Prüfstand, stattgefunden haben. Eine solche „Vorgeschichte" führt zu $t_o < 0$. Bei der Auswertung ist darauf zu achten, daß die während der Vorgeschichte bereits ausgefallenen Teile im Stichprobenumfang berücksichtigt werden (vgl. hierzu auch TITTES).

Da t_o (entsprechend x_o bei der logarithmischen Normalverteilung) nur eine Parallelverschiebung der Merkmalsachse bedeutet und zudem in der Praxis meist $t_o = 0$ anzutreffen ist, setzt man

$$\boxed{t^* = t - t_o}$$

und behandelt t^* ohne Informationsverlust in einfacherer Weise mit der durch nur zwei Parameter

$$T^* = T - t_o \qquad \text{und} \qquad b^* \equiv b$$

festgelegten WEIBULL-Verteilung. Der Stern kann der Einfachheit halber fortgelassen werden, wenn nicht ausdrücklich $t_o \neq O$ zu erörtern ist.

Für den Sonderfall $b = 1$ entspricht die WEIBULL-Verteilung der Exponentialverteilung

$$F(t) = 1 - e^{-\lambda t}$$

mit $\lambda = 1/T$ als konstanter Ausfallrate. Die Exponentialverteilung hat daher besondere Bedeutung zur Behandlung der sogenannten Zufallsschäden, vgl. den Mittelteil der „Badewannenkurve". Weiterhin tritt die Exponentialverteilung auf bei kernphysikalischen Zerfallsprozessen und bei Warteschlangenprozessen mit konstanter Ankunfts- bzw. Abfertigungsrate (Beispiel: Zeitabstand zwischen Störungen einer elektrischen Anlage).

Die Charakteristische Lebensdauer T ist in diesem Fall identisch mit dem arithmetischen Mittelwert μ_t, der auch als MTBF (mean time between failures) bezeichnet wird.

Im Bereich $O < b < 1$ fällt die Ausfallrate der WEIBULL-Verteilung von theoretisch unendlich bei $t = O$ monoton mit der Lebensdauer. So ist bei Gesamtheiten, die verdeckte Mängel oder „Kinderkrankheiten" aufweisen, aber über längere Zeit nicht altern, die Ausfallrate anfangs hoch, fällt jedoch schnell entsprechend Phase I der „Badewannenkurve" (typisches Beispiel: Betriebszugehörigkeit von Mitarbeitern). Ausfallsteilheiten unter $b = 0.25$ kommen praktisch nicht vor, unter $b = 0.5$ sind recht selten.

Für $b > 1$ steigt die Ausfallrate von O beginnend mit der Lebensdauer. Wenn Gesamtheiten einer Alterung durch Verschleiß oder Zerrüttung unterliegen und keine verdeckten Mängel auftreten, wird die Ausfallrate wachsen, und zwar im Bereich $1 < b < 2$ anfangs schnell, dann langsamer, d.h. degressiv (typisches Beispiel: Haltbarkeit von Wälzlagern), für $b = 2$ linear, $b > 2$ progressiv nach der in Phase III durch die „Badewannenkurve" beschriebenen Weise (typisches Beispiel: Kokillenhaltbarkeit).

Der Bereich $1.5 \lesssim b \lesssim 3$ könnte als linksschiefe Glockenkurve (vgl. Bild 2) näherungsweise mit Hilfe der logarithmischen Normalverteilung behandelt werden, doch ist darin kein Vorteil zu sehen. Diese besitzt nämlich eine zunächst steigende, dann wieder abnehmende Ausfallrate im Widerspruch zur „Badewannenkurve" und ist daher für Lebensdaueruntersuchungen im Allgemeinen ungeeignet (STÖRMER). — In diesem bei vielen Anwendungen vorkommenden Bereich gilt für die mittlere Lebensdauer (mit höchstens etwa 1 % Fehler) die Faustregel $\mu_t \approx 0.90\ T$.

Mit $b \gtrsim 3$ läßt sich die dann nahezu symmetrische WEIBULL-Verteilung sehr gut durch die GAUSS'sche Normalverteilung ersetzen. Für noch größere *b*-Werte ($b \gtrsim 5$) wird die WEIBULL-Verteilung leicht rechtsschief, doch ist dieser Fall für die Praxis ohne Bedeutung.

Bild 3 zeigt den Verlauf der Ausfallrate

$$\lambda(t) = \frac{b}{T - t_o} \cdot \left(\frac{t - t_o}{T - t_o}\right)^{b-1}$$

der WEIBULL-Verteilung für die relative Lebensdauer t' (vgl. Bild 2) bei verschiedenen Werten der Ausfallsteilheit b.

Man kann zeigen, daß eine andere Belastung der Grundgesamtheit bei sonst gleichem Ausfallmechanismus nur eine Änderung der charakteristischen Lebensdauer hervorruft, hingegen die Ausfallsteilheit gleich bleibt. Von dieser Eigenschaft der WEIBULL-Verteilung läßt sich häufig nützlich Gebrauch machen (GUMBEL) (vgl. auch Beispiel 7).

1.6. Logarithmische Normalverteilung und WEIBULL-Verteilung

In diesem Zusammenhang sei auf den Unterschied zwischen einer „echten" Lebensdauervariablen (Ausfall „irgendwann") und einer Zeitvariablen bei Bearbeitungsvorgängen (Ende nach Abschluß eines bestimmten Arbeitsvolumens) hingewiesen. Erstens lassen sich keineswegs alle linksschiefen Verteilungen wahlweise durch die logarithmische Normalverteilung oder die WEIBULL-Verteilung beschreiben, besonders wenn nur zwei Parameter verwendet werden. Zweitens wird nach dem von GUMBEL benutzten Gleichnis von der Kette, die zu Bruch geht, wenn ihr schwächstes Glied bricht, die Lebensdauer eines Gegenstandes durch die Wahrscheinlichkeit von Extremwerten erklärt. Eine solche Modellvorstellung führt theoretisch zur WEIBULL-Verteilung. Andererseits sind die linksbeschränkten Zeitvariablen nach geeigneter, nämlich logarithmischer Merkmalstransformation ohne weiteres dem Zufallsmodell der Normalverteilung zu unterwerfen, das mit Hilfe des „römischen Brunnens" veranschaulich wird. Die praktische Erfahrung lehrt, daß die in der Literatur wegen ihrer Einfachheit besonders bei analytischen Überlegungen anzutreffende (und deshalb dort auch zweckmäßige) Annahme einer einparametrigen Exponentialverteilung (WEIBULL-Verteilung mit $b = 1$) zur Beschreibung von Bearbeitungszeiten ungenau oder sogar statistisch nicht gerechtfertigt ist gegenüber dem oft verblüffend gut zutreffenden Ansatz einer logarithmischen Normalverteilung. Ein umgekehrter Fall wird weiter unten

als Beispiel 5 beschrieben. Man kann davon ausgehen, daß ein technisch-kontinuierlicher, gelegentlich durch Störungen unterbrochener Vorgang aus Laufzeit und Störungszeit besteht, letztere die Reparaturzeit enthaltend.
Die einzelnen Laufdauern bis zur Störung (engl.: time between failures) sind als Lebensdauern WEIBULL-verteilt, die einzelnen Störungs- bzw. Reparaturdauern (engl.: down time) logarithmisch-normal verteilt. Sind die Störungen als „seltene Ereignisse" aufzufassen und gehorchen einer POISSON-Verteilung, so sind die Laufdauern bekanntlich exponentialverteilt, über den Verteilungstyp der Störungsdauern ist damit aber nichts gesagt (vgl. hierzu auch RINNE).

2. Beschreibung des Lebensdauernetzes

2.1. Allgemeine Bemerkungen

Auch im Zeitalter des Computers ist das Wahrscheinlichkeitsnetz zur Beschreibung, Beurteilung und Auswertung von Häufigkeitsverteilungen nicht wegzudenkendes Hilfsmittel. In einem Wahrscheinlichkeitsnetz mit geeigneter nomographischer Bezifferung ist bekanntlich die Verteilungsfunktion der betreffenden Wahrscheinlichkeitsverteilung eine gerade Linie und es lassen sich die zugehörigen statistischen Maßzahlen ablesen. Entsprechend den drei in der Praxis wichtigen Verteilungstypen für Variable (Normalverteilung, logarithmische Normalverteilung und WEIBULL-Verteilung mit dem Sonderfall der Exponentialverteilung) gibt es drei Sorten von Wahrscheinlichkeitsnetzen. Das für die WEIBULL-Verteilung zuständige sogenannte Lebensdauernetz wurde bereits 1955 von STANGE vorgestellt, hatte aber längst nicht die Verbreitung gefunden, die der Bedeutung der WEIBULL-Verteilung entspricht, zumal die numerische Berechnung von Schätzwerten für die WEIBULL-Verteilungsparameter (siehe Abschnitt 3.7.) in der Betriebspraxis bislang umständlich war (vgl. z.B. SCHREIBER). Inzwischen sind DGQ-Auswerteblöcke im Handel. * REICHELT hat 1978 einfache Formeln für die rechnerische Ermittlung der Kenngrößen der WEIBULL-Verteilung veröffentlicht.

Das DGQ-Lebensdauernetz soll zu einer Vereinheitlichung der bei den Anwendern benutzten, recht unterschiedlichen Entwürfe unter Beachtung im Ausland gebräuchlicher Papiere (z.B. PLAIT) im Sinne eines möglichst breit verwendbaren Arbeitshilfsmittels beitragen. Es wird z.B. in der Automobil- und in der Stahlindustrie genutzt (vgl. VDA, VOIGT).

---

* DGQ 187, Bestell-Nr.: 32722, Beuth Verlag Berlin und Köln.

Für die spezielle Anwendung auf Kornverteilungen ist das sogenannte „Körnungsnetz" nach DIN 4190 beim Beuth Verlag seit 1954 verfügbar.

2.2. Herleitung des Lebensdauernetzes

Der Grundgedanke für das Lebensdauernetz ist folgender:

Mittels der Bezifferungsvorschriften

$$x = \ln t^* \qquad \text{und} \qquad y = \ln \ln (1/R)$$

wird die Überlebenswahrscheinlichkeitsfunktion $R(t)$ und damit auch die Verteilungsfunktion $F(t)$ in einem regulären Netz zur geraden Linie

$$y = bx + c \qquad \text{mit} \qquad c = -b \ln T^*$$

d.h. die Ausfallsteilheit b hat die anschauliche Bedeutung der Neigung der Geraden, während die Charakteristische Lebensdauer T^* in der Lage der Geraden zum Ausdruck kommt. In Bild 5 ist das Lebensdauernetz (Originalgröße DIN A 4 in Gründruck) abgebildet.

2.3. Ablesevorschrift

Zu einer gegebenen Häufigkeitssummengeraden findet man bei bekanntem t_o die übrigen Parameter wie folgt (Bild 6)

- Parallelverschiebung der Geraden durch den Pol P (P im Abstand $x = 1$ vom rechten Band), Ablesen von b am Schnittpunkt mit der rechten Randskala (der Sonderfall $b = 1$ für Exponentialverteilungen ist fest eingezeichnet)
- Schnittpunkt der Häufigkeitssummengeraden mit der Horizontalen für die Ausfallwahrscheinlichkeit $F = 63.2\ \%$ auf die Abszisse loten und T^* ablesen.

Umgekehrt läßt sich mittels der beiden Angaben b und T^* die Häufigkeitssummengerade festlegen. Die Lebensdauerachse kann leicht mit Zehnerpotenzen skaliert werden. In Notfällen bei sehr schwach geneigten Linien kann der Bereich durch Ankleben eines zweiten Papiers um Zehnerpotenzen vergrößert werden. Für sehr steile Linien $(b \gtrsim 4)$ sollte man zum normalen Wahrscheinlichkeitsnetz übergehen.(vgl. Abschn. 1.5).

Am linken Rand ist neben der Ausfallwahrscheinlichkeit $F(t)$ auch die Überlebenswahrscheinlichkeit $R(t)$ vermerkt, die für viele Anwendungen von unmittelbarer Aussage ist[1]. Die zusätzliche Doppelleiter am rechten Rand ist für die Bestimmung des arithmetischen Mittelwertes $\overline{t}$ (= MTBF) und der Standardabweichung gedacht (STANGE); sie wird im nächsten Abschnitt erläutert.

---

1) Der ursprüngliche Vorschlag von STANGE ging von der Überlebenswahrscheinlichkeit aus, so daß die Summenkurve im Netz eine von links oben nach rechts unten fallende Gerade darstellt.

Der Anfangswert t_o läßt sich relativ einfach durch Probieren ermitteln, sofern nicht sachliche Gründe für einen bestimmten Zahlenwert sprechen (vgl. auch Abschnitt 3.7): Variieren von t_o (in praxi zwei- bis viermal), bis sich die Häufigkeitssummenpunkte über $t^* = t - t_o$ hinreichend linear anordnen (vgl. Beispiel 5).

3. Auswertung von Lebensdauermerkmalen

3.1. Strichliste oder Liste der Einzelwerte

Dem Lebensdauerpapier ist ein Formblatt für die statistische Auswertung von Lebensdauermerkmalen zugeordnet (Bild 4, Originalgröße DIN A 4 in Gründruck). Der obere Teil dient – wie bei den bekannten DGQ-Formblättern – zum Aufstellen einer Strichliste bei Klasseneinteilung, wenn der Stichprobenumfang hinreichend groß ist (n mindestens 30, besser 50), sonst zur Aufnahme der Einzel-Meßwerte.

3.2. Häufigkeitssumme und Ausfallquote bei Klasseneinteilung

Aus den absoluten Häufigkeiten (Besetzungszahlen) n_j der Klassen j bildet man üblicherweise die aufsummierten Besetzungszahlen G_j und daraus die relativen Häufigkeitssummen $H_j = G_j/n$. Man kann jedoch auch (im Hinblick auf weitere Auswertungen, s.u.) zunächst die relativen Häufigkeiten $h_j = n_j/n$ berechnen und diese dann zur Häufigkeitssumme H_j kumulieren. Bei Einsatz eines Computers steht hierfür meist Standardsoftware zur Verfügung.

Die Häufigkeitssummen sind an den jeweils oberen Klassengrenzen im Lebensdauernetz aufzutragen. Zusätzlich können die Ausfallquoten λ_j der Klassen j als Quotient der Ausfallhäufigkeit h_j zur Überlebenshäufigkeit R_j am jeweiligen Klassenanfang, bezogen auf die Klassenbreite w, berechnet werden. In der vorletzten Spalte des Auswerteblattes sind als Zwischengrößen die auch als „temporäre Ausfallhäufigkeiten" bezeichneten Klassenausfälle $a_j = h_j/R_j$ einzutragen. Die Ausfallquote λ_j der Stichprobe entspricht der Ausfallrate $\lambda(t)$ der Grundgesamtheit, deren unmittelbare Schätzung weiter unten dargelegt ist. Man beachte, daß R_j an der unteren Klassengrenze von j als Komplement $(100 - H_{j-1})$ zur Häufigkeitssumme an der oberen Klassengrenze der Vorklasse j-1 zu berechnen ist. R_1 ist stets 100%.

Die Klassenbereite braucht nicht gleich zu sein; manchmal ist es z.B. ratsam, schwach besetzte Klassen sehr hoher Lebensdauer zusammenzufassen. Bei aperiodischer Inspektion gleichzeitig gestarteter Langzeitversuche entstehen von vornherein ungleiche Klassenbreiten: Falls nur ein oder zwei Ausfälle zum Inspektionszeitpunkt angetroffen wurden, ist als Abszisse für das Auftragen der

Häufigkeitssumme die Klassenmitte zwischen diesem und dem vorherigen Inspektionszeitpunkt zu wählen, sonst der Inspektionszeitpunkt (als obere Klassengrenze).

3.3. Häufigkeitssumme bei geordneten Einzelwerten

Bei kleinem Stichprobenumfang sind die Meßwerte der Größe nach zu ordnen bzw. ihnen Rangnummern $j = 1 \ldots n$ zuzuordnen (Spalte j des Auswerteblattes). Zu jedem j ist ein Schätzwert H_j für die Ausfallwahrscheinlichkeit (= Häufigkeitssumme) nach einem der folgenden, prinzipiell gleichwertigen Verfahren zu ermitteln und über dem Meßwert t_j als Punkt in das Wahrscheinlichkeitsnetz einzutragen.

(a) Verteilungsfreie Schätzfunktion für den Erwartungswert des Wahrscheinlichkeitsintegrals („Mean ranks") (GUMBEL)

$$H_j = \frac{j}{n + 1}$$

(b) verteilungsfreie Schätzfunktion für den Zentralwert des Wahrscheinlichkeitsintegrals („Median ranks") (JOHNSON)

H_j nach Tabelle (z.B. bei JOHNSON)

(c) Näherungsformel für (b) (BENARD – BOS-LEVENBACH)

$$H_j = \frac{j - 0.3}{n + 0.4}$$

(d) Wahrscheinlichkeitsintegral für den Erwartungswert des j. Meßwertes einer normalverteilten Grundgesamtheit („normal scores") (HENNING–WARTMANN)

H_j nach Tabelle, ablesbar z.B. vom Deckel des DGQ-Auswerteblockes (AWF 172 a)

(e) Näherungsformel für (d) (DGQ)

$$H_j = \frac{j - 0.5}{n}$$

Jedes dieser Verfahren hat bestimmte rechentechnische oder theoretische Vorzüge. Ein analog (d) von einer WEIBULL-verteilten Grundgesamtheit ausgehendes Verfahren („Weibull scores") läßt sich allgemein nicht herleiten (SCHREIBER).

Alle fünf Verfahren und weitere, gelegentlich benutzte Näherungsformeln liefern praktisch die gleichen Zahlenwerte. Merkliche Unterschiede bei sehr kleinem Stichprobenumfang n und für die ersten und letzten Meßwerte dürfen gegenüber dem Einfluß der Meßunsicherheit und der Breite des Vertrauensbereiches bei wenigen Meßwerten nicht ins Gewicht fallen. Aus den anliegenden Tabellen sind die Häufigkeitssummen H_j für die Rangnummern j zu entnehmen, und zwar für $n = 3 \dots 10$ (Tabelle 1) nach Verfahren (b) als Zentralwert (50 %-Wert), für $n = 11 \dots 35$ (Tabelle 2) und $36 \dots 50$ (Tabelle 3) als gute Näherung dafür nach dem bekannten Verfahren (d) für die Normalverteilung. Es sei ausdrücklich darauf hingewiesen, daß die hier beschriebene Vorgehensweise einheitlich sowohl für die Wahrscheinlichkeitsnetze der Normal- und Lognormalverteilung als auch für das Lebensdauernetz gilt.

Sollten einige Meßwerte in der Stichprobe mehrfach auftreten, so ist ihre Rangfolge beliebig. Im Wahrscheinlichkeitsnetz ergeben sich dann mehrere H_j – Punkte über der gleichen Abszisse.

3.4. Vertrauensbereich für Häufigkeitssummen: Unsicherheitsband

Für den j. Meßwert einer geordneten Stichprobe kann nicht nur z.B. nach Verfahren (b) des vorigen Abschnitts ein Schätzwert für den Zentralwert des Wahrscheinlichkeitsintegrals, sondern auch der zugehörige Vertrauensbereich verteilungsfrei angegeben werden (KLEIN, JOHNSON). Zahlenwerte für eine empfohlene zweiseitige Aussagewahrscheinlichkeit von 90 % sind für $n = 3 \dots 10$ als untere (5 %) und obere (95 %) Vertrauensgrenze zusammen mit den Zentralwerten H_j (= 50 %) Tabelle 1 zu entnehmen.

Aus praktischen Gründen sollten die Vertrauensgrenzpunkte nicht über den Meßwerten selbst eingetragen werden, sondern an der ausgleichenden Summengeraden der Stichprobe, die miteinander verbunden zwei „glatte" Grenzkurven ergeben. Bei größerem Stichprobenumfang konstruiert man die Grenzlinien einfacher mittels der zu festen Häufigkeitssummen $H = 5\%, 10\%$ usw. interpolierten Vertrauensgrenzen H_u und H_o, die nach HENNING – WARTMANN aus einem Nomogramm 1 abgegriffen werden können (vgl. auch das

Kurvenblatt auf dem Deckel des DGQ-Auswerteblocks AWF 172a, dort allerdings mit anderer Aussagenwahrscheinlichkeit, und die von GÖLDNER angegebene Tabelle). Formeln zur rechnerischen Ermittlung finden sich bei REICHELT.

Ausdrücklich sei darauf hingewiesen, daß dieses „Unsicherheitsband" nur einen groben, aber anschaulichen Eindruck von der Unvollkommenheit der Stichprobe in bezug auf die wahre, unbekannte Grundgesamtheit geben kann. Zur statistischen Beurteilung der Stichprobe im Hinblick auf einen bestimmten Verteilungstyp bzw. zum Vergleich zweier Stichproben sei auf die einschlägigen Tests (z.B. KOLMOGOROFF-SMIRNOFF) verwiesen. Soweit dazu Mittelwert und Standardabweichung erforderlich sind, können diese graphisch ermittelt werden (siehe Abschnitt 3.6).

3.5 Dokumentation der graphisch ermittelten Maßzahlen

Im Mittelteil des Auswerteblattes ist Platz für graphisch aus dem Netz zu bestimmende Schätzwerte für die Maßzahlen der Grundgesamtheit. Die „Probiermethode" zur Ermittlung einer von Null verschiedenen Ausgangsgröße t_o wird in Beispiel 5 beschrieben. Außer für die Schätzwerte $\hat{T}$, $\hat{b}$ und $\hat{t}_o$ sind Felder vorgesehen für den bei 10% Ausfallwahrscheinlichkeit an der Summenlinie abzulesenden „B 10"-Wert für die sogenannte zuverlässige Lebensdauer, den bei 50% abzulesenden Zentralwert $\tilde{t}$ sowie für den arithmetischen Mittelwert (relativ a, absolut $\bar{t}$) und die Standardabweichung (relativ d, absolut s).

Im Falle $t_o \neq O$ sind $\hat{T}$, B 10, $\tilde{t}$ und $\bar{t}$ mit $+ t_o$ zu korrigieren und in die jeweils benachbarten Felder einzutragen.

Auf die Wiedergabe der ^ –Kennzeichnung im Formblatt wurde verzichtet.

3.6. Arithmetischer Mittelwert und Standardabweichung

Gelegentlich sind Angaben über den arithmetischen Mittelwert $\bar{t}$ (= MTBF) und die Standardabweichung s erforderlich. Man denke an die Berechnung des von der Standardabweichung wesentlich abhängigen Vertrauensbereichs für den arithmetischen Mittelwert und an die Tests zum Vergleich von Stichproben anhand von Mittelwert und Standardabweichung.

Diese Maßzahlen brauchen nicht gesondert rechnerisch ermittelt zu werden, denn zwischen b und T einerseits und μ_t und σ_t andererseits besteht in der Grundgesamtheit der mathematische Zusammenhang

$$\mu_t = \left(\frac{1}{b}\right)! \; T \quad \text{und} \quad \sigma_t^2 = \left[\left(\frac{2}{b}\right)! - \left(\frac{1}{b}\right)!^2 \right] T^2,$$

der in der zweispurigen Hilfsleiter (am rechten Rand des Lebensdauernetzes) für die relativen Maßzahlen

$$a = \mu_t / T \quad \text{und} \quad d = \sigma_t / T$$

eingefangen ist und auf die Stichprobenwerte $\bar{t} \approx \mu_t$ und $s \approx \sigma_t$ angewendet werden kann. a und d sind von der b-Teilung ausgehend auf einer Horizontalen an der Hilfsleiter leicht abzulesen. Mit einfacher Rechenschiebermultiplikation folgen daraus die Schätzwerte

$$\boxed{\bar{t} = \hat{a}\,\hat{T}} \quad \text{und} \quad \boxed{s = \hat{d}\,\hat{T}}$$

Für den Sonderfall der Exponentialverteilung gilt die einfache Beziehung $\bar{t} = s = T$.

Umgekehrt lassen sich mit Hilfe der unmittelbar aus den Einzelwerten einer Stichprobe berechenbaren Maßzahlen $\bar{t}$ und s Schätzwerte für die WEIBULL-Parameter T und b in einfacher Weise herleiten (siehe Abschnitt 4.5.).

3.7. Rechnerische Ermittlung der Maßzahlen T, b und t_o

Ähnlich wie Mittelwert $\bar{t}$ und Standardabweichung s können die Maßzahlen T und b im Falle $t_o = 0$ auch aus den Einzelwerten rechnerisch – wenn auch mühsam – ermittelt werden (GUMBEL):

$$\boxed{\hat{b} = 0.5770 / s_{\log t}}$$

$$\boxed{\log \hat{T} = \overline{\log t} + 0.2507 / \hat{b}}$$

Man benötigt dazu den arithmetischen Mittelwert $\overline{\log t}$ und die Standardabweichung $s_{\log t}$ der logarithmierten Lebensdauer. Mit den Angaben $\hat{T}$ und $\hat{b}$ kann „rückwärts" die Wahrscheinlichkeitsgerade im Netz festgelegt werden.

Wenn die Anzahl Elemente einer Versuchsreihe genügend groß ist und die Messungen ziemlich oft erfolgen, kann t_o recht einfach durch Gleichsetzen mit der Lebensdauer des als erstes ausgefallenen Elements festgelegt werden. Ist dies nicht der Fall, erhält man bei Versuchsreihen eine gute Abschätzung mit Hilfe der KAO-Formel (vgl. (FISCHER)

$$t_o = \frac{h_1 \, t_o' + t_1}{h_1 + 1}$$

wobei

h_1 = Anzahl der ersten festgestellten Ausfälle

t_1 = Zeitpunkt der Messung, bei der die ersten Ausfälle festgestellt wurden

t_o' = Zeitpunkt der letzen Messung, bei der noch alle Elemente betriebsfähig waren.

In den obigen Formeln gilt dann $\hat{T}$ für $\hat{T}^*$, und statt t ist $t^* - t_o$ zu setzen. Einfache Näherungsformeln für alle drei Maßzahlen auf der Basis von Mittelwert, Standardabweichung und Schiefe sind von REICHERT veröffentlicht.

3.8. Vertrauensbereiche für T und b

Bei hinreichend großem Stichprobenumfang ($n \gtrsim 50$) kann man die Vertrauensbereiche für die abzuschätzenden Parameter der Grundgesamtheit näherungsweise nach folgenden Formeln bestimmen (SCHREIBER, THOMAN – BAIN – ANTLE):

Vertrauensbereich für T: $$\hat{T} \pm u \frac{1.052}{\sqrt{n}} \cdot \frac{\hat{T}}{\hat{b}}$$

Vertrauensbereich für b: $$\hat{b} \pm u \frac{0.78}{\sqrt{n}} \cdot \hat{b}$$

Der Faktor u bedeutet wie üblich den Schwellenwert der Normalverteilung für eine vorgegebene zweiseitige Aussagewahrscheinlichkeit (z.B. $u = 1.96$ bei $P_A = 95\,\%$). REICHELT hat Näherungsformeln für die Vertrauensbereiche aller drei Maßzahlen angegeben.

3.9. Graphische Ermittlung und Darstellung der Ausfallrate

Im unteren Teil des Auswerteblattes (Bild 4) findet sich ein doppelt-logarithmisches Netz zur Darstellung der beobachteten Ausfallquoten λ_j in den gebildeten Klassen j oder der aus den WEIBULL-Parametern folgenden Ausfallrate $\lambda(t)$ über der Lebensdauer t. Für die WEIBULL-Verteilung gilt der bereits in Abschnitt 1.5. beschriebene Zusammenhang

$$\lambda(t^*) = \frac{b}{T^*} \cdot \left(\frac{t^*}{T^*}\right)^{b-1}$$

der im doppelt-logarithmischen Netz mit den Bezifferungsvorschriften

$$x = \log(t^*/T^*) \text{ und } y = \log\ \lambda(t^*)$$

als Gerade

$$y = (b-1)\,x + \log(b/T^*)$$

mit dem Anstieg $b-1$ erscheint (STANGE). Durch Eintragen der Ausfallsteilheit an der rechten Randskala und Verbindung mit dem Pol P erhält man die Neigung, durch Bestimmung des Ordinatenwertes $\lambda = b/T^*$ über der Charakteristischen Lebensdauer einen Punkt der jetzt geradlinig dargestellten Ausfallratenfunktion zu der im Lebensdauernetz gefundenen WEIBULL-Verteilung. Ihre entweder negative, verschwindende oder positive Neigung entspricht jeweils einer der Phasen I bis III der „Badewannenkurve".

Es sei darauf hingewiesen, daß in dieses Netz eingetragene Punkte der Ausfallquoten λ_j der Klassen j nicht gleichmäßig um die Gerade der Ausfallrate verteilt sein müssen, weil ihr Gewicht unterschiedlich ist (vgl. Beispiel 1).

4. Beispiele für die Handhabung des Lebensdauernetzes

4.1. Behandlung großer Stichproben in Klasseneinteilung

Beispiel 1:

Lebensdauerversuche an Wälzlagern (Daten aus SCHREIBER). Die Auswertung der Häufigkeitsverteilung (deren beide letzte Klassen in zweckmäßiger Zusammenfassung achtfache Breite haben) ist in den Bildern 7 und 8 veranschaulicht. Dabei wird die Häufigkeitssumme H_j mittels der relativen Häufigkeit h_j berechnet da h_j auch für die Ausfallquote λ_j nötig ist. Da die Punktfolge unter Nichtbeachtung des obersten Punktes (über der Grenze zur letzten Häufigkeitsklasse) sehr gut durch eine Gerade ausgeglichen werden kann, darf eine WEIBULL-Verteilung mit dem Anfangswert $t_0 = 0$ angenommen werden, bestätigt durch das mittels Nomogramm 1 eingezeichnete Unsicherheitsband.

Rechnerische Ermittlung aus den hier nicht aufgeführten 49 Einzelwerten liefert $t = 25.87$ und $s = 27.04$. Demgegenüber zeigen die graphisch mittels der rechten Zusatzleiter bestimmten Maßzahlen $t = 22.4$ und $s = 18.4$ erhebliche Abweichungen. Die Ursache ist in den Ausreißerwerten der beiden letzten Klassen zu suchen (vgl. den herausfallenden Punkt am rechten Ende der Folge in Bild 8), die bei der graphischen Auswertung unberücksichtigt bleiben. Weglassen der drei höchsten Werte liefert bessere rechnerische Maßzahlen $t = 20.55$ und $s = 17.39$.

Für die Vertrauensbereiche ergibt sich bei einer Aussagewahrscheinlichkeit von $P_A = 95\%$ nach den oben angegebenen Formeln

$$T: \quad 24.0 \pm 1.96 \cdot \frac{1.052}{\sqrt{49}} \cdot \frac{24.0}{1.23}, \text{ d.h. rund } 18.0 \ldots 30.0$$

$$b: \quad 1.23 \pm 1.96 \cdot \frac{0.78}{\sqrt{49}} \cdot 1.23, \quad \text{d.h. rund } 0.96 \ldots 1.50$$

Die Abweichungen der Treppenstufenlinie der jeweils für die untere Klassengrenze eingetragenen Ausfallquote λ_j der Stichprobe zu der durch Ausgleich im Lebensdauernetz entstandenen Geraden der Ausfallrate $\lambda(t)$ im unteren Diagramm in Bild 7 sind zu erwarten (s. Abschnitt 3.9) und veranschaulichen den Vorteil der WEIBULL-Ausfallrate als Schätzfunktion für die Grundgesamtheit.

4.2. Behandlung kleiner Stichproben ($3 \leq n \leq 50$) mit geordneten Einzelwerten

Beispiel 2:

Wohlerversuch (Daten aus SVENSON u. LIPP). Wiedergabe der Einzelwerte für einen bestimmten Lasthorizont und Auswertung siehe Bilder 9 und 10. Die Einzelwerte sind der Größe nach mit den Rangnummern $j = 1 \ldots 10$ gekennzeichnet. Die zugehörigen Häufigkeitssummen und Vertrauensgrenzen sind Tabelle 1 entnommen. In der damit entstehenden Punktfolge zeichnet sich eine Störung ab. Eine durch die Punktfolge gelegte Ausgleichsgerade mit den angetragenen 10 oberen und unteren Vertrauensgrenzpunkten liefert ein Unsicherheitsband, das im vorliegenden Beispiel alle Häufigkeitssummenpunkte umfaßt. Insofern sollte die Annahme einer einfachen WEIBULL-Verteilung mit $t_o = 0$ nicht im Widerspruch zu der beobachteten Störung stehen. Der Stichprobenumfang müßte erhöht werden, um die Annahme etwa einer Mischverteilung zu rechtfertigen.

Im Falle einer solchen Störung besteht Unsicherheit beim Zeichnen der Ausgleichskurve. Daher wurden die exakten Maßzahlen $\hat{b} = 3.617$ und $\hat{T} = 3.25$ nach den in Abschnitt 3.7. angegebenen Formeln berechnet und damit die objektive Summengerade der Stichprobe in Bild 10 eingetragen.
Diese weicht nur unwesentlich von der subjektiven Geraden ab, Bestätigung für das graphische Verfahren! Auch die unmittelbar errechneten Maßzahlen $\overline{t} = 2.93$ und $s = 1.035$ stimmen recht gut mit den graphisch bestimmten Werten (s. Bild 9) überein.

(Anmerkung: Da erfahrungsgemäß Wöhlerversuche stets zu Ausfallsteilheiten $b > 3$ führen, wird die Auswertung in der Praxis oft mit der dann äquivalenten Normalverteilung vorgenommen.)

4.3. Nichtlineare Punktfolge im Lebensdauernetz

Ordnen sich die in das Netz eingetragenen Punkte in einer Tendenz, die nicht mehr zwanglos unter Beachtung des Unsicherheitsbandes durch eine Gerade ausgeglichen werden kann, so ist zwischen vier Fällen zu unterscheiden:

(a) Punktfolge mit Knick oder Wendepunkt:
Es handelt sich um eine Mischverteilung. Sofern keine sachlogischen Merkmale der Elemente der Stichprobe eine Aufteilung nahelegen, ist die Mischverteilung formal durch einiges „Probieren" in 2 oder 3 additiv überlagerte WEIBULL-verteilte Komponenten mit verschiedenen Anteilen zerlegbar.

Beispiel 3:

Haltbarkeit von Gummidichtungen. Auswertung von Betriebsaufschreibungen (Bild 11). Die geknickte Wahrscheinlichkeitskurve der Mischverteilung (Bild 12) läßt sich mit ein wenig Geschick anhand der Strichliste in zwei Komponenten aufteilen (im Formblatt, Bild 11, sind die zugehörigen Häufigkeiten eingetragen).

Die erste Komponente mit einem Anteil von 37/88 = 42% zeigt eine fallende Ausfallrate und weist damit auf Fertigungsfehler hin. Die zweite Komponente mit dem Anteil 51/88 = 58% beschreibt das Ausfallverhalten durch Alterung. Im Verlauf der beiden Geraden für die Ausfallrate und im Treppenbild der Ausfallquote der Mischverteilung kommt deutlich die „Badewannenkurve" zum Ausdruck (die Dichtungen wurden von zwei verschiedenen Herstellern geliefert).

Von KAO stammt ein grobes, aber sehr einfaches Trennverfahren für den häufig vorkommenden Fall, daß die Mischverteilung aus zwei Teilkollektiven A und B besteht, deren Anteile sehr verschieden sind ($n_A \ll n_B$), die weit genug auseinanderliegen ($T_A \ll T_B$ mit $t_{oA} = 0$, $t_{oB} > 0$) und stark unterschiedliche Ausfallsteilheit aufweisen ($b_A \leq 1$, $b_B > 1$). Die Summenlinie im Lebensdauernetz hat dann einen besonders ausgeprägten Knick nach oben.

Das Verfahren wird im folgenden für kleine Stichproben angegeben (Bild 14).

(1) Von den Enden der Summenlinie ausgehend zeichne man die Tangenten an die beiden Äste *A* und *B*.

(2) Am Schnittpunkt der Tangente *B* mit der unteren Randlinie (0,1%) des Netzes einen Näherungswert für t_{oB} ablesen.

(3) Vom Schnittpunkt der Tangente *B* mit der oberen Randlinie (99,9%) des Netzes eine Vertikale mit Tangente *A* zum Schnitt bringen. Die für die Ordinate dieses Punktes abgelesene Häufigkeitssumme ist ein Schätzwert für den Anteil n_A/n des Teilkollektivs *A*.

(4) Bestimmen der Häufigkeitssummen nach Tabellen 1, 2, 3 mit dem Stichprobenumfang n_A für die ersten Meßwerte links des Knickes der Mischverteilung, soweit diese als zu *A* gehörig betrachtet werden können. Zeichnen einer Ausgleichsgeraden durch diese Punkte und Extrapolation nach rechts.

(5) Aussondern der noch *A* zuzurechnenden Meßwerte aus den Meßwerten des rechten Astes, gleichmäßig über den Ast verteilt, so daß die verbleibenden Meßwerte Teilkollektiv *B* darstellen:

(6) Bestimmen der Häufigkeitssummen nach Tabellen 1, 2, 3 mit dem Stichprobenumfang $n_B = n - n_A$ für die Meßwerte von *B* und Eintragung über $t_B^* = t - t_{oB}$ ins Lebensdauernetz. Zeichnen einer Ausgleichskurve.

Beispiel 4:

Porenvolumen einer Koksprobe. Die $n = 16$ Meßwerte nach Bild 13 weisen im Lebensdauernetz, Bild 14, deutlich auf eine Mischverteilung vom KAO-Typ hin. Man findet mittels der Tangenten $t_{oB} \approx 10$ und $n_A/n \approx 30$, daraus $n_A = 5$ und $n_B = 11$. Offenbar können die 4 ersten Meßwerte zu Kollektiv *A* gezählt werden. Der eine noch fehlende Meßwert für A wird aus der Mitte (Rang-Nr. 10) der übrigen Werte genommen, siehe Tabelle 2.

(b) Nach oben konvexe Punktfolge (Rechtsbogen) bei allgemeinen Variablen:
Wenn keine Lebensdauereigenschaft einer Zeitvariablen angenommen werden muß (z.B. einer Reparaturzeit, vgl. Abschnitt 1.6.), sollte anstelle der WEIBULL-Verteilung eine logarithmische Normalverteilung angesetzt werden, und zwar zweiparametrig mit Zentralwert $\tilde{t}$ und Grundspanne g, falls die Ausfallsteilheit der gekrümmten Linie im Durchschnitt bei 1 liegt, sonst dreiparametrig mit zusätzlichem Ausgangswert t_o.

(c) Nach oben konvexe Punktfolge (Rechtsbogen) bei Lebensdauervariablen:
Es existiert eine ausfallfreie Mindestlebensdauer t_o als 3. Verteilungsparameter, die von t abzuziehen ist, damit die Differenz $t^* = t - t_o$ wieder einer zweiparametrigen WEIBULL-Verteilung genügt (vgl. Abschnitt 1.5.)

Die in Lebensdauereinheiten ausgedrückten Lage-Maßzahlen der im Netz eingetragenen zweiparametrigen WEIBULL-Verteilung von t^* sind anschließend mit t_o zu korrigieren, wie im Mittelteil des Formblattes angedeutet. Man beachte, daß auch der Maßstab für das Schaubild der Ausfallrate $\lambda(t)$ mit t^* beziffert zu denken ist und λ_j entsprechend verschoben eingetragen werden sollte !

Beispiel 5:

Prüfung einer Zellwolle auf Dauerbiegefestigkeit der Einzelfasern. Die Meßwerte lassen sich zwar optisch befriedigend im logarithmischen Wahrscheinlichkeitsnetz darstellen (Beispiel 26 bei GRAF u. HENNING), doch ist wegen der Lebensdauereigenschaft der in Bild 15 angegebenen Meßwerte der WEIBULL-Verteilung der Vorzug zu geben. Im Lebensdauernetz (Bild 16) ergibt sich eine konvexe Punktfolge, die durch graphische Verschiebung der Punkte nach links um $t_o = 150$ leicht begradigt werden kann. Offenbar beginnt erst ab 150 Doppelbiegungen die Faser zu brechen. Die Zentralwerte $\tilde{t} = 450$ bzw. 440 bei der ursprünglich angesetzten Lognormalverteilung unterscheiden sich nur durch die subjektiven Ausgleichsgeraden.

(d) Nach oben konkave Punktfolge (Linksbogen):
Der Anfangswert t_o ist negativ. Vorgehensweise wie in (c) beschrieben, wenn die bei $t = 0$ bereits unbrauchbaren Teile mitgezählt werden können. Andernfalls ist die von TITTES beschriebene Konrrektur vorzunehmen.

4.4. Extrapolation bei unvollständiger Stichprobe

In der Praxis sind besonders folgende 3 Fälle von Bedeutung:

(a) Zu kurze Statistik:
Sind von einer Versuchs- oder Fertigungsreihe noch nicht alle Elemente ausgefallen, sondern vielleicht erst 10 oder 30%, so besteht die Aufgabe in der Extrapolation der erst teilweise gestützten Häufigkeitssummenlinie auf die vollständige Stichprobe. Bei Verlängerung der durch eine hinreichend lineare Punktfolge gelegten geraden Linie im Lebensdauernetz ist der Extrapolationsfehler zu beachten ! Dafür gibt es bislang keine Abschätzungsverfahren. Die rechnerische Bestimmung der Maßzahlen einer unvollständigen Stichprobe ist zwar möglich (SCHREIBER), aber mühsam.
Bild 17 zeigt als Beispiel 6 (in Anlehnung an OHL) die Abschätzung der Zuverlässigkeit eines Ersatzteiles in der Automobilindustrie einer Serie von 1000 Stück, von denen $n' = 29$ bis zu einer Laufzeit von 24 Monaten beanstandet wurden. Die Punktfolge ordnet sich erstaunlich gut längs einer Geraden, so daß eine Extrapolation aus den knapp 3% bisherigen Ausfällen zumindest graphisch formal möglich erscheint. Oft hat man aus der Erfahrung Vorstellungen über die Ausfallsteilheit b der betreffenden Untersuchungsobjekte und kann mit dieser zusätzlichen Information das Risiko einer Fehl-Extrapolation verringern. Dennoch sei mit aller Deutlichkeit vor leichtfertiger Extrapolation abgebrochener Beobachtungsreihen gewarnt !

(b) Prüfung bis zum ersten Bruch (Abkürzung einer Versuchsreihe):
Die Stichprobe von $n = l \cdot k$ Prüflingen wird in l Prüflose zu je k Einheiten aufgeteilt. Alle Prüflinge eines Loses werden gleichzeitig so lange geprüft, bis das erste ausfällt. Dann bilden die l ausgefallenen Elemente eine geordnete Unterstichprobe der Minimalwerte, deren Darstellung im Lebensdauernetz nach Abschnitt 4.2. die sogenannte „Erste-Bruch-Linie" ergibt. Betrachtet man den graphisch abzulesenden Zentralwert dieser Minimalwerte als kleinsten Wert einer Oberstichprobe vom Umfang k, so ist mit dem zugehörigen Häufigkeitssummenwert

$$\boxed{H_1 = \frac{1-0.3}{k+0.4}}$$

(nach Näherungsformel Abschnitt 3.3.) ein Punkt der gesuchten Wahrscheinlichkeitsgeraden festgelegt. Ihre Steilheit muß gleich der Steilheit der Erste-Bruch-Linie sein, wenn alle Prüflinge (nicht nur die l ersten) gedanklich der gleichen Beanspruchung bis zum Ausfall unterliegen. Mit Bild 18 wird diese Auswertungsvorschrift am Beispiel von

$n = 40$ Prüflingen, aufgeteilt in $l = 5$ Prüflose mit $k = 8$, noch einmal veranschaulicht. Die 5 Erstausfälle je Prüflos bestimmen die Erste-Bruch-Linie. Man beachte, daß ein Unsicherheitsband auf Basis des tatsächlichen Beobachtungsumfanges $l = 5$ mit Hilfe des Nomogramms 1 zu konstruieren wäre.

(c) Reklamationsstatistik bei unterschiedlicher Laufdauer der nicht ausgefallen gemeldeten Produkte:

Im Gegensatz zu (a) mit kontinuierlichem Lauf aller Produkte bis zum Ausfall wird hier von der Modellvorstellung ausgegangen, daß die unbekannten Betriebsdauern der intakt gebliebenen Produkte gleichmäßig um die bekannten Betriebsdauern (= Lebensdauern) der ausgefallenen Produkte verteilt sind. Auf diese Weise läßt sich die Auswertung ganz ähnlich wie in (b) durchführen. Es ist lediglich zusätzlich für den Anteil von intakt gebliebenen Produkten mit einer Laufzeit kleiner als der Lebensdauer des ersten Ausfalls eine besondere, erste Gruppe zu bilden(„Least of k Approximation", siehe z.B. BROHM – MEUTH).

Sind l von n ausgelieferten Produkten ausgefallen, so beträgt die Anzahl Produkte in der ersten der $l + 1$ Gruppen

$$k_1 = \frac{n - l}{l + 1},$$

in allen übrigen, durch je 1 Ausfall gebildeten Gruppen

$$k = \frac{n + 1}{l + 1}$$

Mit diesem Faktor (anstelle $k = n/l$) als Umfang für die Oberstichprobe ist die Auswertung nach der Vorschrift (b) möglich. Da k keine ganze Zahl mehr sein muß und zudem recht groß sein kann, wird zur Bestimmung der Häufigkeitssumme die Näherungsformel

$$H_1 = \frac{1 - 0.3}{k + 0.4}$$

(vgl. Abschnitt 3.3.)

herangezogen.

Beispiel 7:

Reklamationsstatistik von Kopfschrauben für Planetenradträger (BROHM – MEUTH). Die Berechnung von k und H_1 ist Bild 19 zu entnehmen, Bild 20 zeigt die Summenlinie der $l = 10$ Reklamationen und deren Extrapolation auf die Gesamtheit der $n = 1075$ ausgelieferten Einheiten. Diese Gesamtheit von n Einheiten bildet die eigentliche Stichprobe zur Abschätzung der Zuverlässigkeit der Kopfschrauben in der Grundgesamtheit, also auch für alle gleichartig gefertigten Teile in Zukunft.

Hinweis: Die Genauigkeit der nach Verfahren (c) extrapolierten Häufigkeitssummenlinie auf die volle Stichprobe vom Umfang n hängt in starkem Maße davon ab, ob die Modellvorstellung über die Betriebsdauern in der Wirklichkeit erfüllt ist.

4.5. Konstruktion der WEIBULL-Verteilung aus gegebenen Maßzahlen

Fremde Unterlagen enthalten oft nicht die ganze Verteilung oder die Parameter b, T und t_o, sondern andere Maßzahlen, aus denen die Verteilung zu rekonstruieren ist.

(a) Sind Mittelwert $\bar{t}$ und Standardabweichung s angegeben, so lassen sich die Maßzahlen b und T (vgl. die in Abschnitt 3.6. angegebenen Formeln) unter der Voraussetzung $t_o = 0$ näherungsweise mit Hilfe der Doppelleiter am rechten Rand bestimmen.

a = *0.9 annehmen (vgl. Faustregel Abschnitt 1.5.)*

$T = \bar{t}\,/a$ *(wegen* $a = \mu_t / T = \bar{t}\,/T$

b *ablesen bei* $d = s/T$

a *ablesen bei* b *und ggf. Rechengang wiederholen*

(Anmerkung: Direkte Ablesung wäre möglich, wenn eine Teilung für den nur b-abhängigen Variationskoeffizienten $V = s\,/\,\bar{t}$ zur Verfügung steht; die Iteration geht aber sehr rasch.)

Rechenbeispiel: $\bar{t} = 8$, $s = 6$

a	T	d	b
0.9	8.89	0.675	1.37
0.914	8.75	0.686	1.36
0.917	8.73	0.687	1.35

mit dem Ergebnis $T = 8.72$ und $b = 1.35$ zur Eintragung in das Lebensdauernetz

(b) Ist nur der Streubereich angegeben, so bestimmt man bei bekanntem Stichprobenumfang n nach einem der unter 3.3. angegebenen Verfahren die Häufigkeitssumme für den kleinsten und größten Wert, also z.B. nach Verfahren (a)

$$H_1 = \frac{n}{n+1} \quad \text{und} \quad H_n = \frac{1}{n+1}$$

durch diese zwei Punkte ist die Wahrscheinlichkeitsgerade im Lebensdauernetz festgelegt.

(c) Ist über den Stichprobenumfang nichts bekannt, so hilft man sich durch Festlegung der Wahrscheinlichkeitsgeraden mit 2 Punkten für einen angenommenen zweiseitigen Zufallsstreubereich, z.B. von 95%, für die angegebenen Streugrenzen t_{min} und t_{max}

$$F\ (t_{min}) = 2.5\ \%$$
$$F\ (t_{max}) = 97.5\ \%$$

(d) Sind 3 Angaben über die Verteilung verfügbar (z.B. noch der Mittelwert oder besser der Zentralwert), so läßt sich auch der Anfangswert t_o durch Probieren abschätzen bzw. man kann auf das Vorliegen einer Mischverteilung schließen.

5. Zusammenfassung

Diese Veröffentlichung besteht in einer Darstellung bekannter Tatsachen über die WEIBULL-GNEDENKO-Exponentialverteilung (kurz: WEIBULL-Verteilung) und das zugehörige, als Lebensdauernetz von STANGE und GUMBEL bekannte Wahrscheinlichkeitspapier. In zahlreichen Untersuchungen, nicht nur über Zuverlässigkeitsfragen, findet dieses Netz nützliche Anwendung. Im Rahmen dieser grundlegenden Darstellung ist es nicht möglich, auf eine Reihe weiterführender Spezialverfahren einzugehen, bei denen das Lebensdauernetz Voraussetzung ist, z.B. zur Auswertung von Laststeigerungsversuchen (TITTES).

Dem Anwender sollte die Mühe der Selbstherstellung oder ein Ausweichen auf zufällig vorliegende, nicht immer zweckmäßige Entwürfe, erspart werden.

Das in der Praxis entwickelte, hier vorgestellte Netz mit Auswerteblatt ist geeignet, allgemeine Arbeitsunterlage zu werden und kann mithelfen, weitere Anwendungsbereiche für die WEIBULL-Verteilung zu erschließen. Anhand von Beispielen aus der Praxis wird eine ausführliche Anleitung gegeben, die auch dem statistisch weniger Geschulten dienlich sein soll.

Die verwendeten Begriffe und Formelzeichen stimmen so weit als möglich mit den gebräuchlichen Ausdrücken nach DGQ 4 und DIN 40 041/42 überein. Es wird empfohlen, in Zukunft einheitlich die Bezeichnungen T, b und t_0 für die WEIBULL-Parameter zu verwenden.

Lebensdauernetz und Auswerteblatt sind als DIN A 4-Block zusammen mit der kurzgefaßten Gebrauchsanleitung unter der Bezeichnung DGQ 187 erhältlich.

6. Literatur

6.1. Originäre Abhandlungen

GNEDENKO, B.V.: Predel'nyye teoremy dlya maksimal'nogo chlena variatsionnogo ryada (Grenztheorem für den Maximalwert einer Zufallsfolge). Doklady Akad. nauk. USSR 32 (1941)

GUMBEL, E.J.: Statistical Theory of Extreme Values and some practical Applications. Nat. Bur. of Standards, Appl. Math. Series 33, Washington 1954

ROSIN, P., E. RAMMLER u. K. SPERLING: Korngrößenprobleme des Kohlenstaubs und ihre Bedeutung für die Vermahlung. Berichte des Reichskohlenrats, C 52, Berlin 1933

STANGE, K.: Zur Ermittlung der Abgangslinie für wirtschaftliche und technische Gesamtheiten. Mitteilungsblatt für mathemat. Statistik 7 (1955) H. 2, S. 113/151

WEIBULL, W.: A Statistical Theory of Strength of Materials. Handlingar Ingeniörs Vetenskaps Akademien, Nr. 151, Stockholm 1939

WEIBULL, W.: A Statistical Distribution Function of Wide Applicability. Trans. ASME, Serie E: J. of Appl. Mechanics 18 (1951) S. 293/97

6.2. Allgemeine Darstellungen, Theorie und Anwendung

BENARD, A. u. E. C. BOS-LEVENBACH: Het Uitzetten van Waarnemingen op Waarschijnlijkheidspapier. Statistica 7 (1953) S. 163

BERRETTONI, J. N.: Practical Applications of the Weibull Distribution. Ind. Qual. Contr., Aug. 1964, S. 71/79

BROHM, R. u. H. O. MEUTH: Grundlagen der Zuverlässigkeitsuntersuchungen nach Weibull; Produkt-Zuverlässigkeit und die L/K-Methode zur Ermittlung der Ausfallwahrscheinlichkeit. Interne Berichte John Deere Werke, Mannheim 1965 und 1973

Deutsche Gesellschaft für Qualität e.V. (DGQ): Zuverlässigkeit, Einführung in die Planung und Analyse, DGQ 33, Frankfurt – Berlin – Köln 1977

FISCHER, F.: Einfluß der Wahl des Ausfallkriteriums auf die Verteilung der Lebensdauer bei Benutzung der Weibull-Verteilung. QZ 15 (1970) H. 2, S. 33/37

GERTSBAKH, I. B. u. K. B. KORDONSKIY: Models of failures. Springer-Verlag, Berlin – Heidelberg – New York 1969

GNEDENKO, B. W., J. K. BELJAJEW u. A. D. SOLOWJEW: Mathematische Methoden der Zuverlässigkeitstheorie, Band I, Akademie-Verlag, Berlin 1968

GUMBEL, E. J.: Statistische Theorie der Ermüdungserscheinungen bei Metallen. Mitteilungsblatt für mathemat. Statistik 8 (1956) S. 97/129

GUMBEL, E. J.: Statistics of Extremes. Columb. Univ. Press, New York 1958

HENNING, H. J. u. R. WARTMANN: Stichproben kleinen Umfangs im Wahrscheinlichkeitsnetz. Mitteilungsblatt für mathemat. Statistik 9 (1957) H. 3, S. 168/81

HENNING, H. J. u. R. WARTMANN: Statistische Auswertung im Wahrscheinlichkeitsnetz: Kleiner Stichprobenumfang und Zufallsstreubereich. Z. ges. Textilind. 60 (1958) H. 1, S. 19/24

JOHNSON, L. G.: The Median Ranks of Sample Values in their Population with an Application to certain Fatigue Studies. Ind. Mathematics 2 (1951) S. 1/9

JOHNSON, L. G.: The Statistical Treatment of Fatigue Experiments. Elsevier, Amsterdam – New York 1964

KLEIN, H.: Über die Streugrenzen statistischer Verteilungskurven. Mitt.bl. f. mathemat. Statistik 6 (1954) S. 140

KAO, J. H. K.: The Mixed Weibull Distribution in Life-Testing of Electronic tubes. ASQC National Convention Transact. 1959, S. 267/89

KAO, J. H. K.: A Summary of Some New Techniques on Failure Analysis. Proc. 6th Nation. Symp. on Reliab. and QC, Washington, 1960, S. 190/201

LIEBOLD, G. u. B. GROTHKOPP: Verfahren zur Berechnung der Streubereichsgrenzen von Ranggrößen. Bosch Techn. Berichte 4 (1973) H. 5

OHL, H. L.: Zuverlässigkeit im Automobilbau. QZ 17 (1972) H. 12, S. 255/60

PLAIT, A.: The Weibull Distribution – with tables. Ind. Qual. Contr., Nov. 1962, S. 17/26

REICHELT, C.: Rechnerische Ermittlung der Kenngrößen der Weibull-Verteilung, Fortschr. Ber. VDI-Z, Reihe 1, Nr. 56, Düsseldorf 1978

RINNE, H.: Bereitschaftskoeffizienten. ZwF 67 (1972) H. 8, S. 431/35

SCHREIBER, H.-H.: Zur mathematisch-statistischen Auswertung von Lebensdauerversuchen mit Wälzlagern. Qualitätskontrolle 8 (1963) H. 6, S. 59/66 u. H. 7, S. 71/79

STEIGER, F. H.: Practical Application of the Weibull Distribution. Chem. Techn., April 1971, S. 225/31

STÖRMER, H.: Mathematische Theorie der Zuverlässigkeit. R. Oldenbourg-Verlag, München 1970

THOMAN, D. R., L. J. BAIN u. C. E. ANTLE: Inferences on the Parameters of the Weibull Distribution. Technometrics 11 (1969) H. 3, S. 445/60

TITTES, E.: Über die Auswertung von Versuchsergebnissen mit Hilfe der Weibull-Verteilung, QZ 18 (1973) H. 5, S. 108/113 u. H. 7, S. 163/65

Verband der Automobilindustrie e.V. (VDA): Zuverlässigkeitssicherung bei Automobilherstellern und Lieferanten, Verfahren und Beispiele, Frankfurt 1976

VIGIER, M.: L'interprétation des essais d'endurance grâce aux techniques de fiabilité. Ingenieurs de l'automobile 2-1965, S. 57/69

VOIGT, J.-P.: Erfassung, Auswertung und Nutzung von Schadendaten in der Eisen- und Stahlindustrie. Dissertation Braunschweig 1973

6.3. Sonstige zitierte Literatur

Auswertungsblöcke für Gaußisch (normal) verteilte Werte mit Formblättern für statistische Auswertung sowie Anleitung und Beispielen. Deutsche Gesellschaft für Qualität (DGQ). Bestell-Nr. AWF 172 a/b. Beuth Verlag GmbH, Berlin und Köln, bzw. 173 a/b für logarithmisch verteilte Werte.

Begriffe und Formelzeichen im Bereich der Qualitätssicherung. Bestell-Nr. DGQ 4, Beuth Verlag GmbH, Berlin – Köln – Frankfurt, 2. Auflage 1974

Doppeltlogarithmisches Körnungsnetz nach ROSIN-RAMMLER-SPERLING in BENNETT'scher Schreibweise. DIN 4190, Blatt 1, Oktober 1955, letzte Ausgabe März 1966.

GÖLDNER, R.: Zur Auswertung kleiner Stichproben im Wahrscheinlichkeitsnetz. QZ 16 (1971) H. 7, S. 156/60

GRAF, U. u. H. J. HENNING: Statistische Methoden bei textilen Untersuchungen. Springer-Verlag, Berlin – Göttingen – Heidelberg 1960

LÜDERS, A., O. HOFFMANN u. R. GIESELER: Betriebsbeanspruchung und Prüfung von Radscheiben. Automobiltechn. Z. 71 (1969) H. 11 und 12 (Mannesmann Forschungsbericht 533, 1970)

SVENSON, D. u. W. LIPP: Abschätzung der Bauteilfestigkeit bei zusammengesetzter Schwingbeanspruchung. BFI-Bericht Nr. 160, Düsseldorf 1971

Bild 1

Die „Badewannenkurve" der Ausfallrate, abhängig vom Lebensalter

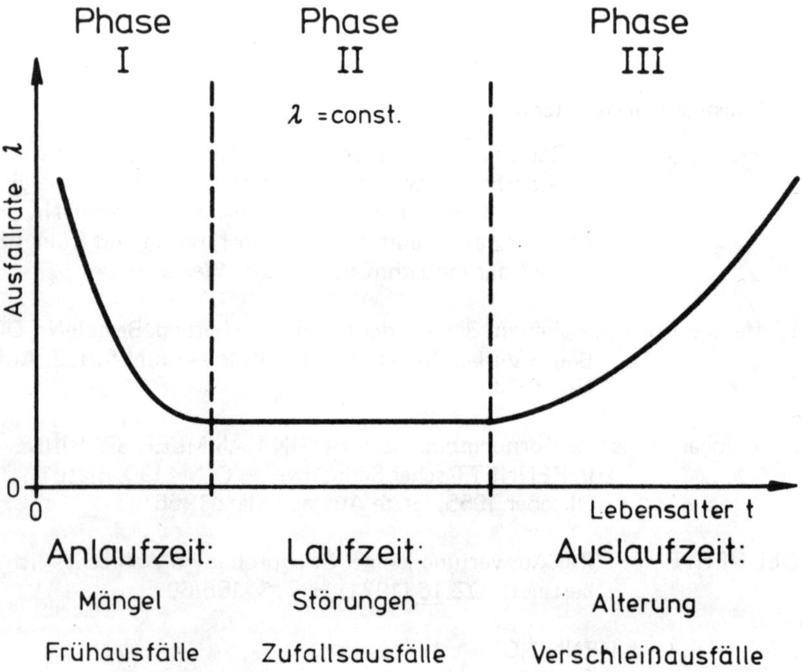

Bild 2

Wahrscheinlichkeitsdichte der WEIBULL-Verteilung über der relativen Lebensdauer $t' = \frac{t - t_0}{T - t_0}$ für verschiedene Werte der Ausfallsteilheit b.

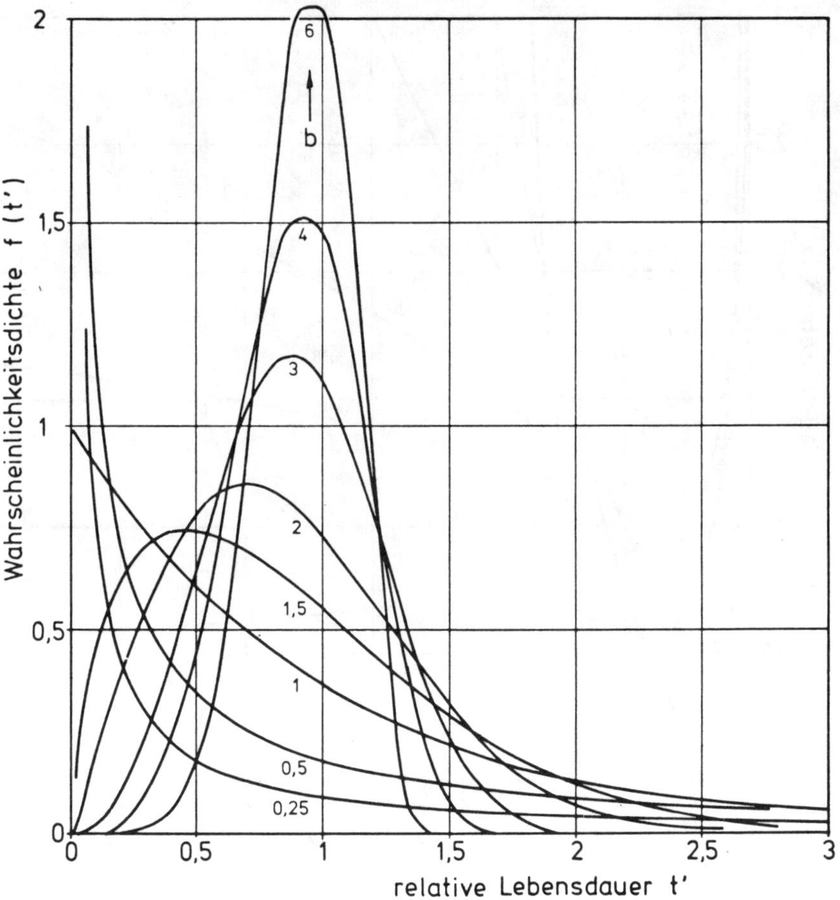

Bild 3

Ausfallrate der WEIBULL-Verteilung über der relativen Lebensdauer t' (vgl. Bild 2) für verschiedene Werte der Ausfallsteilheit b

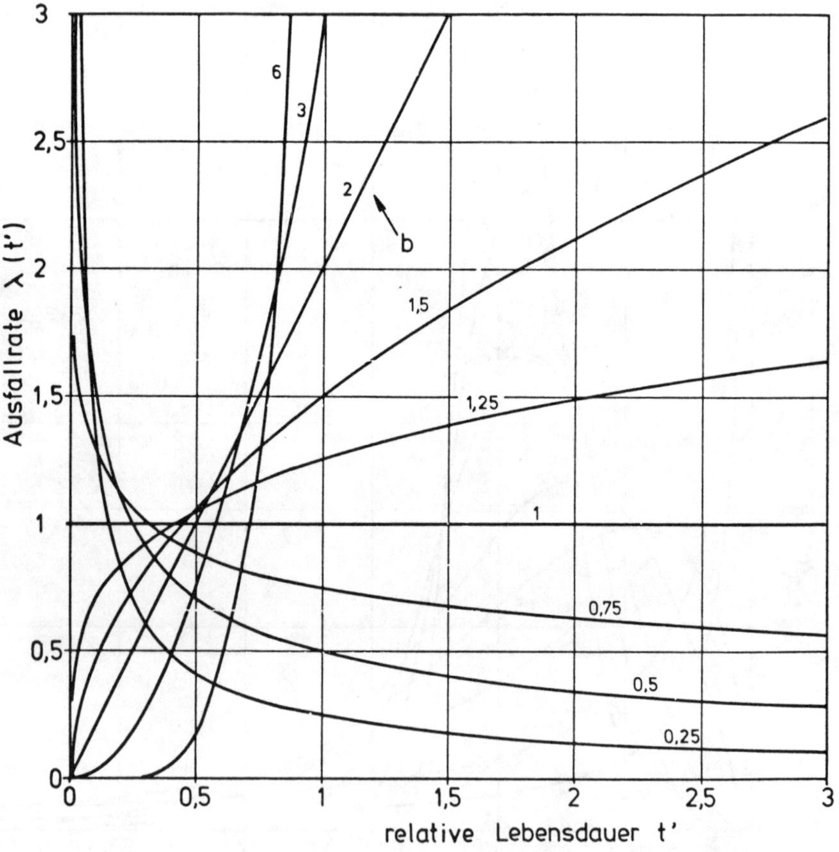

Bild 4

Formblatt für statistische Auswertung von Lebensdauern

Vorgang:

Datum:	Meßgröße/Einheit:						Überlebens-häufigkeit in %	Klassen-ausfall	Ausfall-quote
Klassengrenzen oder Einzelwerte	Absolute Häufigkeit Strichliste	Anzahl n_j	Klassen- oder Rang Nr. j	G_j oder Häufigkeit % $h_j = n_j/n$ *	Häufigkeits-summe in % H_j **		$R_j = 100 - H_{j-1}$ ***	$a_j = h_j/R_j$ ***	$\lambda_j = a_j/w$ ***

Klassenbreite: w | Stichprobenumfang: n | *) in Klassenmitte | **) an obererer Klassengrenze | ***) an untererer Klassengrenze

Graphische Ermittlung der Maßzahlen:				Zuverlässige Lebensdauer		B 10		$+t_0$
Ausgangswert	t_0		$+t_0$	Zentralwert		$\tilde{t}$		
Charakt. Lebensdauer	T			a	arithm. Mittelwert	$\bar{t} = a \cdot T$		
Ausfallsteilheit	b			d	Standardabweichung	$s = d \cdot T$		

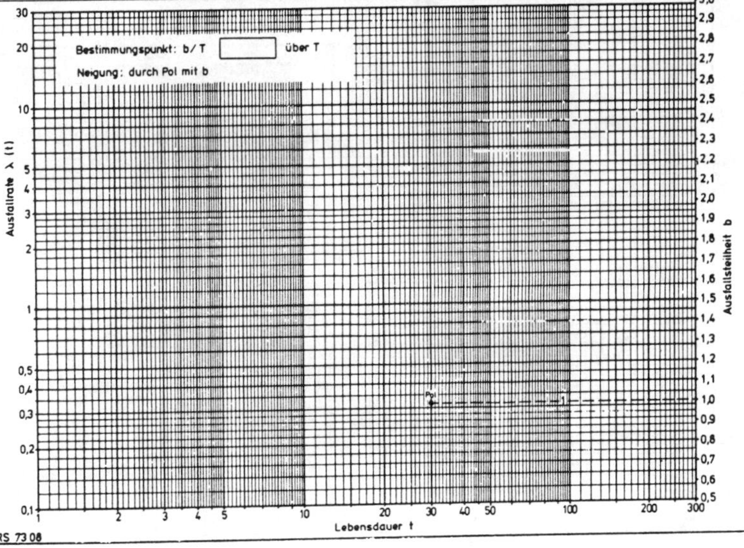

Dr. Ske/RS 73 08

Bild 5

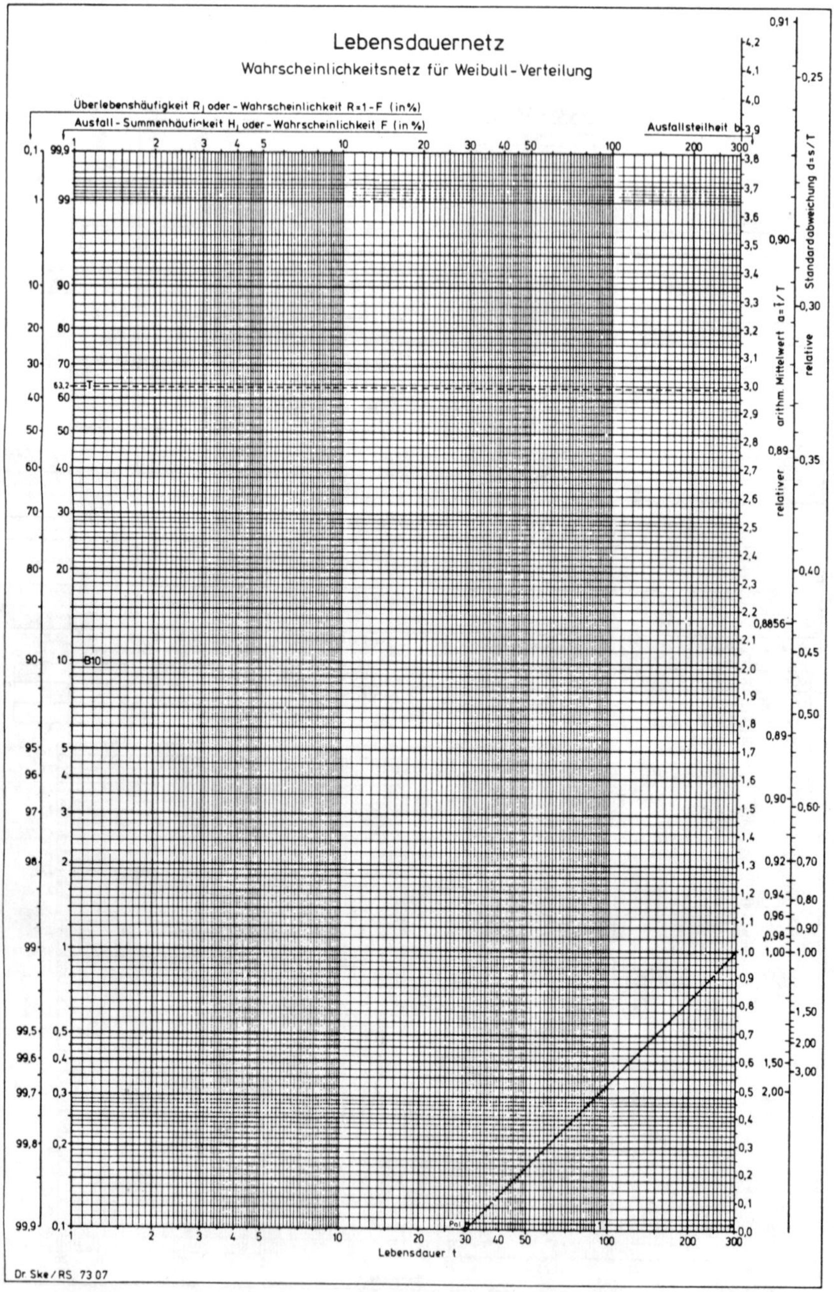
Lebensdauernetz
Wahrscheinlichkeitsnetz für Weibull-Verteilung
Überlebenshäufigkeit R_i oder - Wahrscheinlichkeit R=1-F (in %)
Ausfall-Summenhäufigkeit H_i oder - Wahrscheinlichkeit F (in %)
Ausfallsteilheit b
relativer arithm. Mittelwert a=t̄/T
relative Standardabweichung d=s/T
T
B10
Lebensdauer t
Dr Ske/RS 73 07

Bild 6

Ablesevorschrift für Schätzwerte $\hat{T}$ und $\hat{b}$ der Parameter T und b einer WEIBULL-Verteilung im Lebensdauernetz

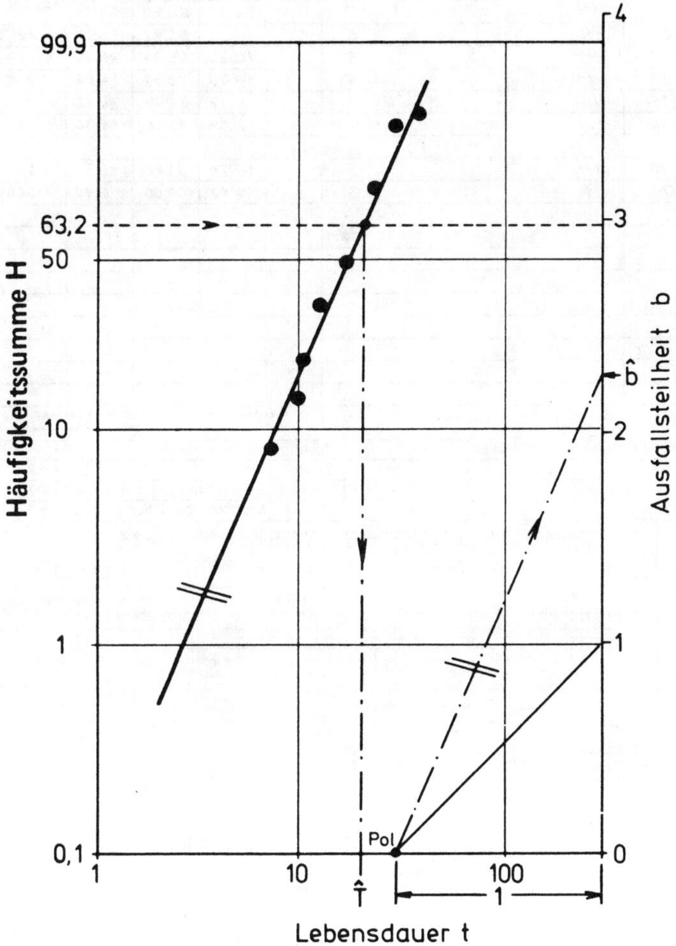

Bild 7

Formblatt für statistische Auswertung von Lebensdauern

Vorgang: *Lebensdauerversuche an Wälzlagern [Quelle : SCHREIBER]*

Datum: *1963* Meßgröße/Einheit: *Laufzeit [10^6 Umdreh.]*

Klassengrenzen ~~oder~~ ~~Einzelwerte~~	Absolute Häufigkeit: Strichliste	Absolute Häufigkeit: Anzahl n_i	Klassen- oder Rang Nr. j	~~G/ oder~~ Häufigkeit % $h_i = n_i/n$ *	Häufigkeits~~summe~~ in % H_i **	Überlebenshäufigkeit in % $R_j = 100 - H_{j-1}$ ***	Klassenausfall $a_j = h_j / R_j$ ***	Ausfallquote $\lambda_j = a_j / w$ ***
0 ··· 5	HHH I	6		12.25	12.25	100.00	0.122	0.0244
5 ··· 10	HHH IIII	9		18.36	30.61	87.75	0.209	0.0418
10 ··· 15	HHH II	7		14.31	44.92	69.39	0.207	0.0414
15 ··· 20	HHH	5		10.20	55.12	55.08	0.185	0.0370
20 ··· 25	HHH	5		10.20	65.32	44.88	0.227	0.0454
25 ··· 30	HHH	5		10.20	75.52	34.68	0.295	0.0590
30 ··· 35	III	3		6.12	81.64	24.48	0.250	0.0500
35 ··· 40	I	1		2.04	83.68	18.36	0.111	0.0222
40 ··· 80	HHH	5		10.20	93.88	16.32	0.626	0.0156
80 ··· 120	III	3		6.12	100.00	6.12	1.000	0.0250

Klassenbreite: w *5; 40* Stichprobenumfang: n *49*

*) in Klassenmitte **) an obererer Klassengrenze ***) an untererer Klassengrenze

Graphische Ermittlung der Maßzahlen:						Zuverlässige Lebensdauer	B 10	3.8	–
Ausgangswert	t_0	0	$+t_0$			Zentralwert	$\tilde{t}$	17.5	–
Charakt. Lebensdauer	T	24.0	–	a	0.935	arithm. Mittelwert	$\bar{t} = a \cdot T$	22.4	–
Ausfallsteilheit	b	1.23		d	0.77	Standardabweichung	$s = d \cdot T$	18.4	

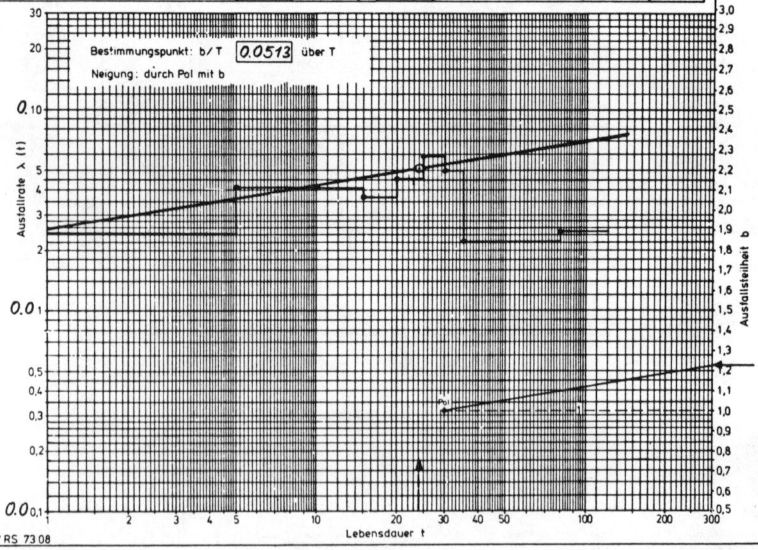

Dr. Ske / RS 73.08

Bild 8

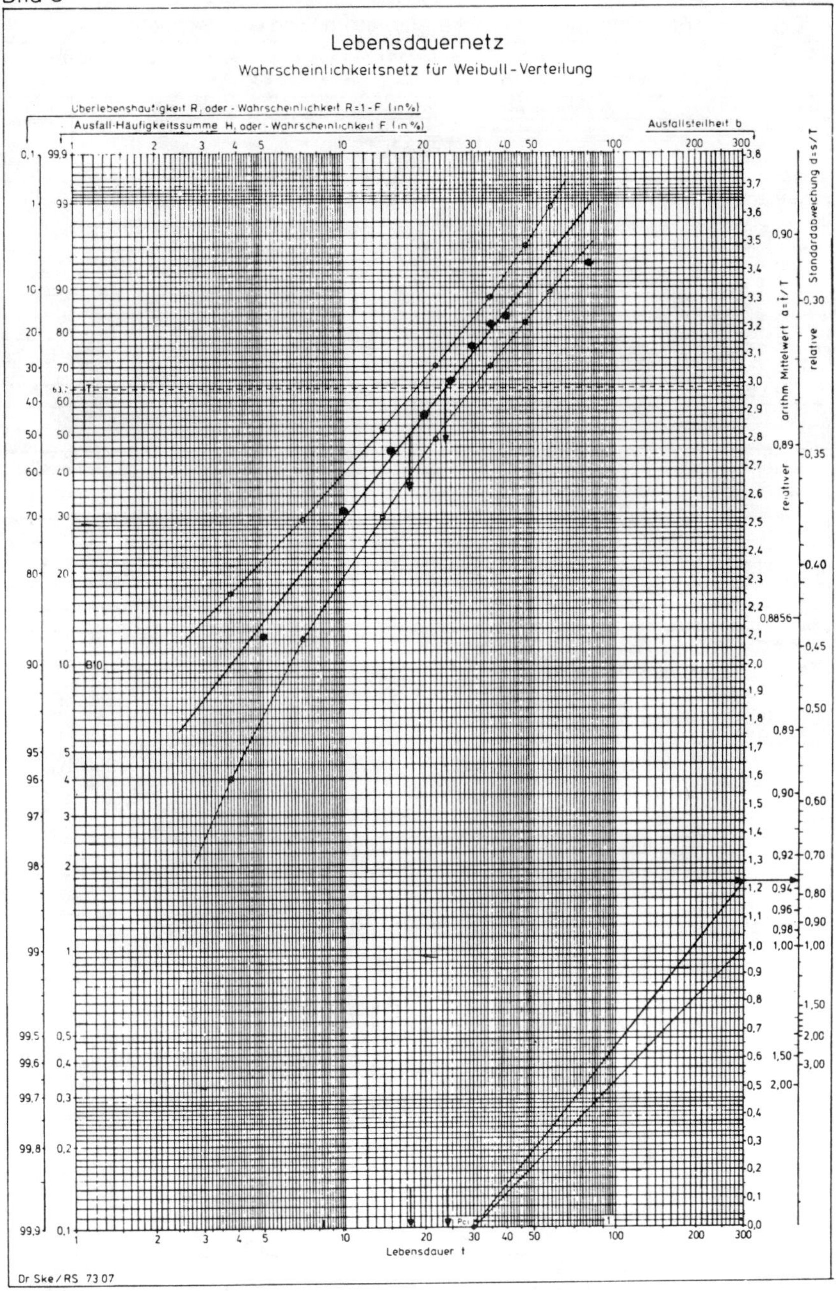
Lebensdauernetz
Wahrscheinlichkeitsnetz für Weibull-Verteilung
Überlebenshäufigkeit R, oder - Wahrscheinlichkeit R=1-F (in %)
Ausfall-Häufigkeitssumme H, oder - Wahrscheinlichkeit F (in %)
Ausfallsteilheit b
relativer arithm. Mittelwert a=t̄/T
relative Standardabweichung d=s/T
B10
Lebensdauer t
Dr Ske/RS 73 07

Bild 9

Formblatt für statistische Auswertung von Lebensdauern

Vorgang: *Wöhlerversuch mit Spannungshorizont 20 kp/mm² an gekerbten Rundstäben aus **Stahl** 41 Cr 4 [Quelle: SVENSON – LIPP]*

Datum: *1971* — Meßgroße/Einheit: *Lastspielzahl in 10^5*

Klassengrenzen oder Einzelwerte	Absolute Häufigkeit: Strichliste	Absolute Häufigkeit: Anzahl n_j	Klassen- oder Rang Nr. j	G_j oder Häufigkeit % $h_j = n_j/n$ *	Häufigkeitssumme in % H_j **	Überlebenshäufigkeit in % $R_j = 100 - H_{j-1}$ ***	Klassenausfall $a_j = h_j/R_j$ ***	Ausfallquote $\lambda_j = a_j/w$ ***
2.64			6		54.8			
2.08			3		25.9			
2.22			4		35.5			
4.34			9		83.9			
3.82			8		74.1			
1.98			2		16.2			
3.80			7		64.5			
1.66			1		6.7			
4.35			10		93.3			
2.42			5		45.2			

Klassenbreite: w — Stichprobenumfang: n **10**

*) in Klassenmitte **) an obererer Klassengrenze ***) an unterer Klassengrenze

Graphische Ermittlung der Maßzahlen:			+t_0		Zuverlässige Lebensdauer	B 10	1.6	–
Ausgangswert	t_0	0	+t_0		Zentralwert	$\tilde{t}$	3.0	
Charakt. Lebensdauer	T	3.3	–	a 0.896	arithm. Mittelwert	$\bar{t} = a \cdot T$	2.95	
Ausfallsteilheit	b	3.2		d 0.308	Standardabweichung	$s = d \cdot T$	1.01	

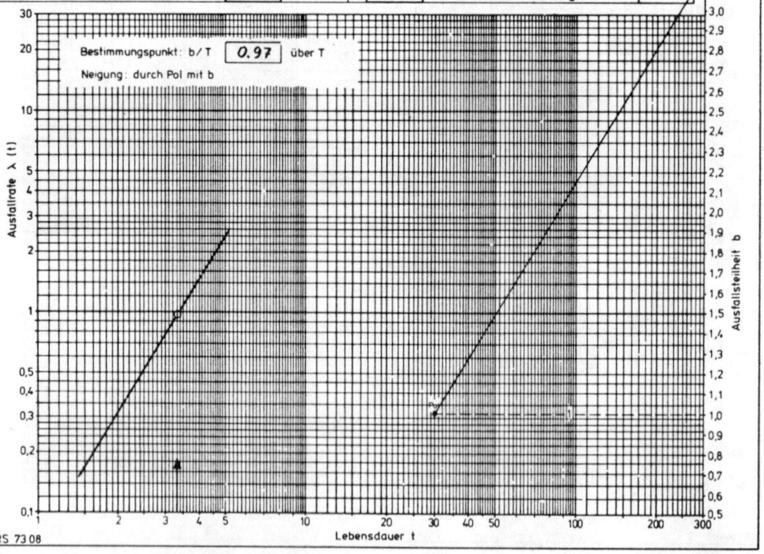

Dr. Ske / RS 73 08

Bild 10

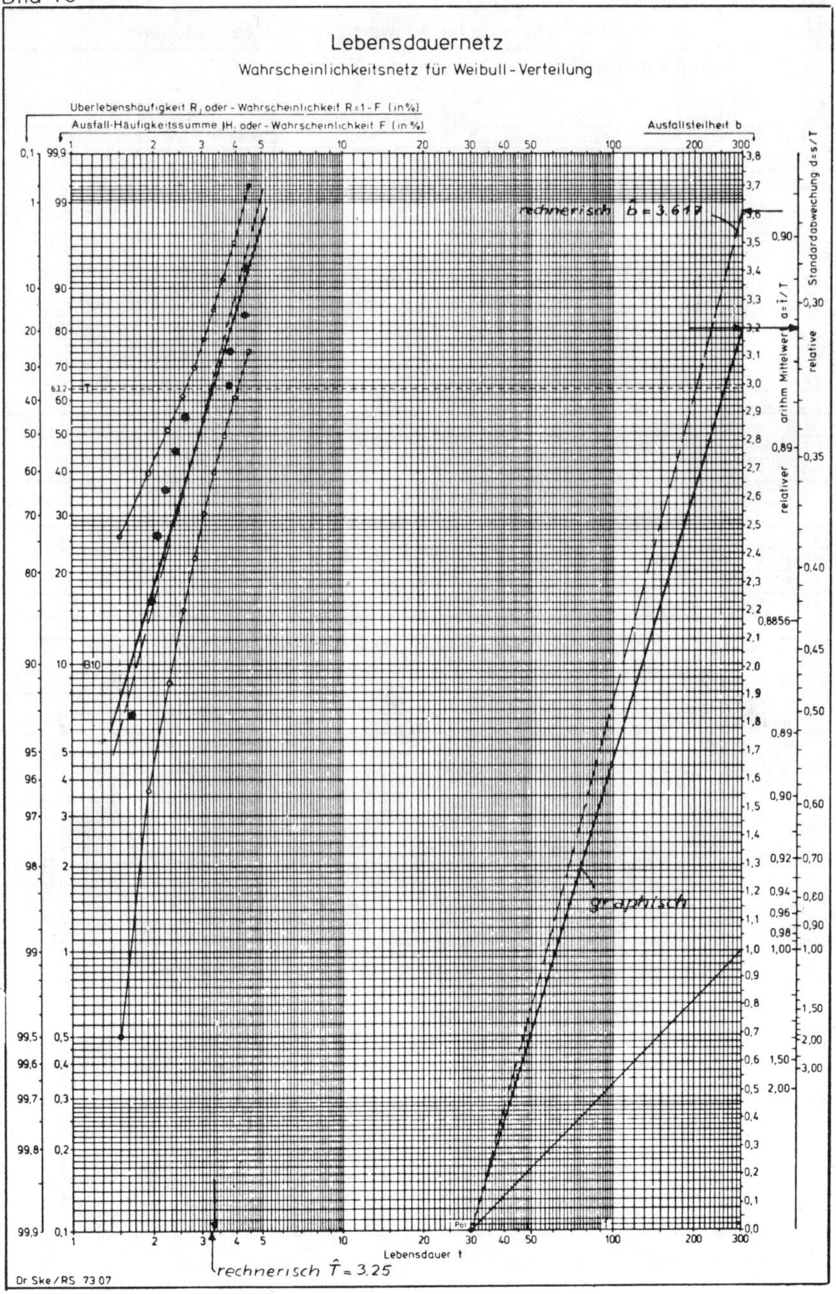

Lebensdauernetz
Wahrscheinlichkeitsnetz für Weibull-Verteilung
Überlebenshäufigkeit R, oder - Wahrscheinlichkeit R=1-F (in %)
Ausfall-Häufigkeitssumme ΣH, oder - Wahrscheinlichkeit F (in %)
Ausfallsteilheit b
rechnerisch b̂ = 3.617
graphisch
Lebensdauer t
rechnerisch T̂ = 3.25
relativer arithm. Mittelwert a = t̄/T
relative Standardabweichung d = s/T
B10
63,2
Pol
Dr Ske/RS 73 07

Bild 11

Formblatt für statistische Auswertung von Lebensdauern

Vorgang: *Haltbarkeit von Gummidichtungen*

Datum: 21. 8. 72. — Meßgroße/Einheit: *Kalenderzeit [d]*

Klassengrenzen ~~oder~~ ~~Einzelwerte~~	Absolute Häufigkeit: Strichliste	Anzahl n_i	Klassen- oder Rang Nr. j	G/ ~~oder~~ Häufigkeit % $h_i = n_i/n$ *	Häufigkeitssumme in % H **	Überlebenshäufigkeit in % $R_j = 100 - H_{j-1}$ ***	Klassenausfall $a_j = h_j / R_j$ ***	Ausfallquote $\lambda_j = a_j / w$ ***
0 ··· 20	HH HH HH HH II	22		25.0	25.0	100.0	0.250	0.0125
20 ··· 40	HH IIII	9		10.2	35.2	75.0	0.136	0.0068
40 ··· 60	HH II	7		8.0	43.2	64.8	0.123	0.0062
60 ··· 80	HH HH I	11		12.5	55.7	56.8	0.220	0.0110
80 ··· 100	HH HH II	12		13.6	69.3	44.3	0.335	0.0168
100 ··· 120	HH HH I	11		12.5	81.8	30.7	0.408	0.0204
120 ··· 140	HH III	8		9.1	90.9	18.2	0.500	0.0250
140 ··· 160	HH	5		5.7	96.6	9.1	0.625	0.0312
160 ··· 220	III Restklasse w = 60	3		3.4	100.0	3.4	1.000	0.0167

Klassengrenzen		Anzahl ①	Anzahl ②	G_j	①	②	①	②
0 ··· 20		22	-		22	-	59.5	-
20 ··· 40	Zerlegung der	7	2		29	2	78.4	3.9
40 ··· 60	Mischverteilung	4	3		33	5	89.2	9.8
60 ··· 80	in zwei komponen-	2	9		35	14	94.6	27.4
80 ··· 100	ten ① und ②	1	11		36	25	97.3	49.0
100 ··· 120		1	10		37	35	100.0	68.6
120 ··· 140		-	8		-	43	-	84.3
140 ··· 160		-	5		-	48	-	94.1
160 ··· 220		-	3		-	51	-	100.0
		37	51					

Klassenbreite: w 20 — Stichprobenumfang: n 88

*) in Klassenmitte **) an obererer Klassengrenze ***) an untererer Klassengrenze

Graphische Ermittlung der Maßzahlen: ① ②				+ t_0		Zuverlässige Lebensdauer	B 10	
Ausgangswert	t_0	0		+ t_0		Zentralwert	$\tilde{t}$	
Charakt. Lebensdauer	T	22.5	115	–	a	arithm. Mittelwert	$\bar{t} = a \cdot T$	
Ausfallsteilheit	b	0.83	3.12		d	Standardabweichung	$s = d \cdot T$	

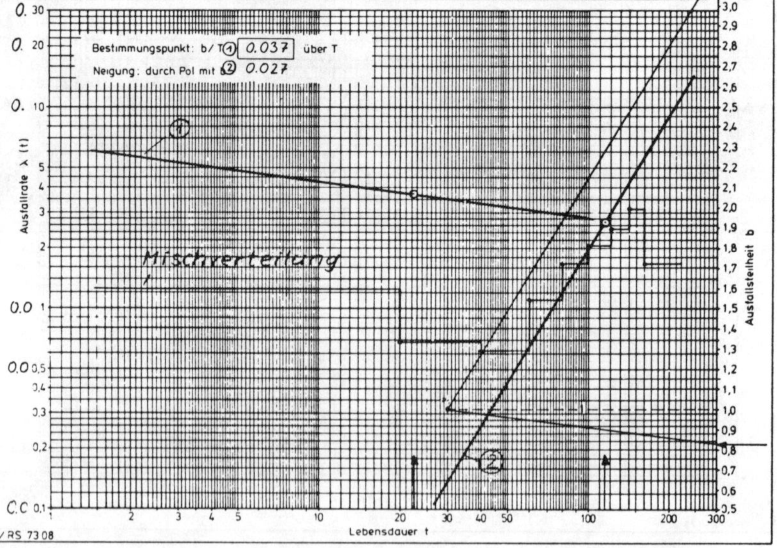

Dr Ske/RS 73 08

Bild 12

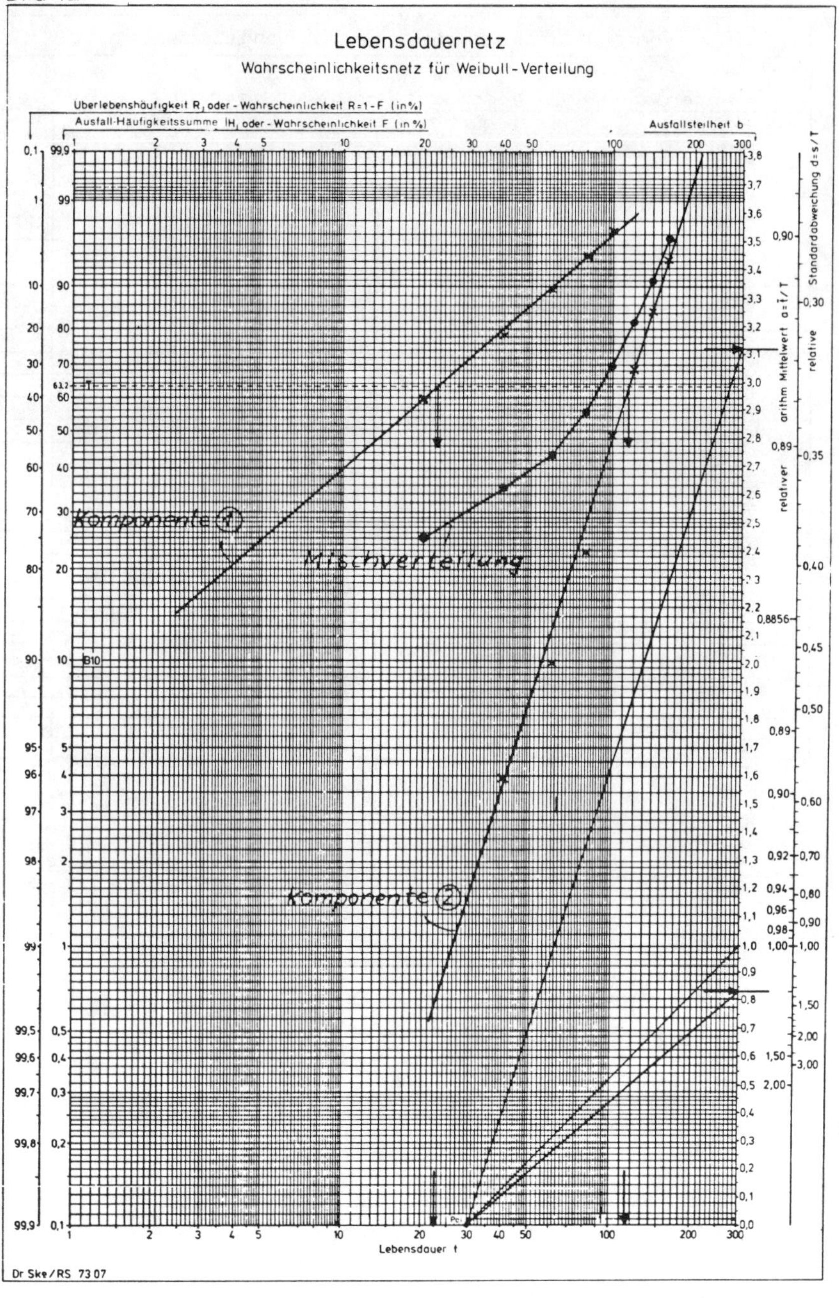

Lebensdauernetz
Wahrscheinlichkeitsnetz für Weibull-Verteilung
Überlebenshäufigkeit R_j oder - Wahrscheinlichkeit R=1-F (in %)
Ausfall-Häufigkeitssumme H_j oder - Wahrscheinlichkeit F (in %)
Ausfallsteilheit b
Komponente 1
Mischverteilung
Komponente 2
B10
Lebensdauer t
relativer arithm. Mittelwert a=t̄/T
relative Standardabweichung d=s/T
Dr Ske/RS 73.07

Bild 13

Formblatt für statistische Auswertung von Lebensdauern

Vorgang: *Porendurchmesser einer koksprobe als Maß für das Porenvolumen (geordnete kleine Stichprobe)*

Datum: *1957* | Meßgroße/Einheit: *mm*

Klassengrenzen oder Einzelwerte	Absolute Häufigkeit: Strichliste					Anzahl n_j	Klassen- oder Rang Nr. j	G_j oder Häufigkeit % $h_j = n_j/n$ *	Häufigkeitssumme in % H_j **	Überlebenshäufigkeit in % $R_j = 100 - H_{j-1}$ ***	Klassenausfall $a_j = h_j / R_j$ ***	Ausfallquote $\lambda_j = a_j / w$ ***
	Trennverfahren											
	(A)		(B)									
	j	H_j	j	H_j	$t^* = t - 1.0$							
0.1	1	12.9					1		3.9			
0.7	2	31.4					2		10.0			
1.5	3	50.0					3		16.1			
3.0	4	68.6					4		22.4			
3.6			1	5.6	2.6		5		28.4			
3.9			2	14.5	2.9		6		34.8			
4.2			3	23.3	3.2		7		40.9			
4.5			4	32.3	3.5		8		46.8			
4.7			5	41.3	3.7		9		53.2			
5.0	(5)	(87.1)					10		59.1			
5.3			6	50.0	4.3		11		65.2			
5.6			7	58.7	4.6		12		71.6			
5.6			8	67.7	4.6		13		77.6			
6.0			9	76.7	5.0		14		83.9			
6.5			10	85.5	5.5		15		90.0			
7.5			11	94.4	6.5		16		96.1			

Klassenbreite: w | Stichprobenumfang: n *16*

*) in Klassenmitte **) an obererer Klassengrenze ***) an untererer Klassengrenze

Graphische Ermittlung der Maßzahlen:		(A)	(B)	(A)	(B)			Zuverlässige Lebensdauer	B 10		+ t_0
Ausgangswert	t_0	0	1.0	+ t_0				Zentralwert	$\tilde{t}$		
Charakt. Lebensdauer	T	2.6	4.6	2.6	5.6	a		arithm. Mittelwert	$\bar{t} = a \cdot T$		
Ausfallsteilheit	b	0.69	3.46			d		Standardabweichung	$s = d \cdot T$		

Bild 14

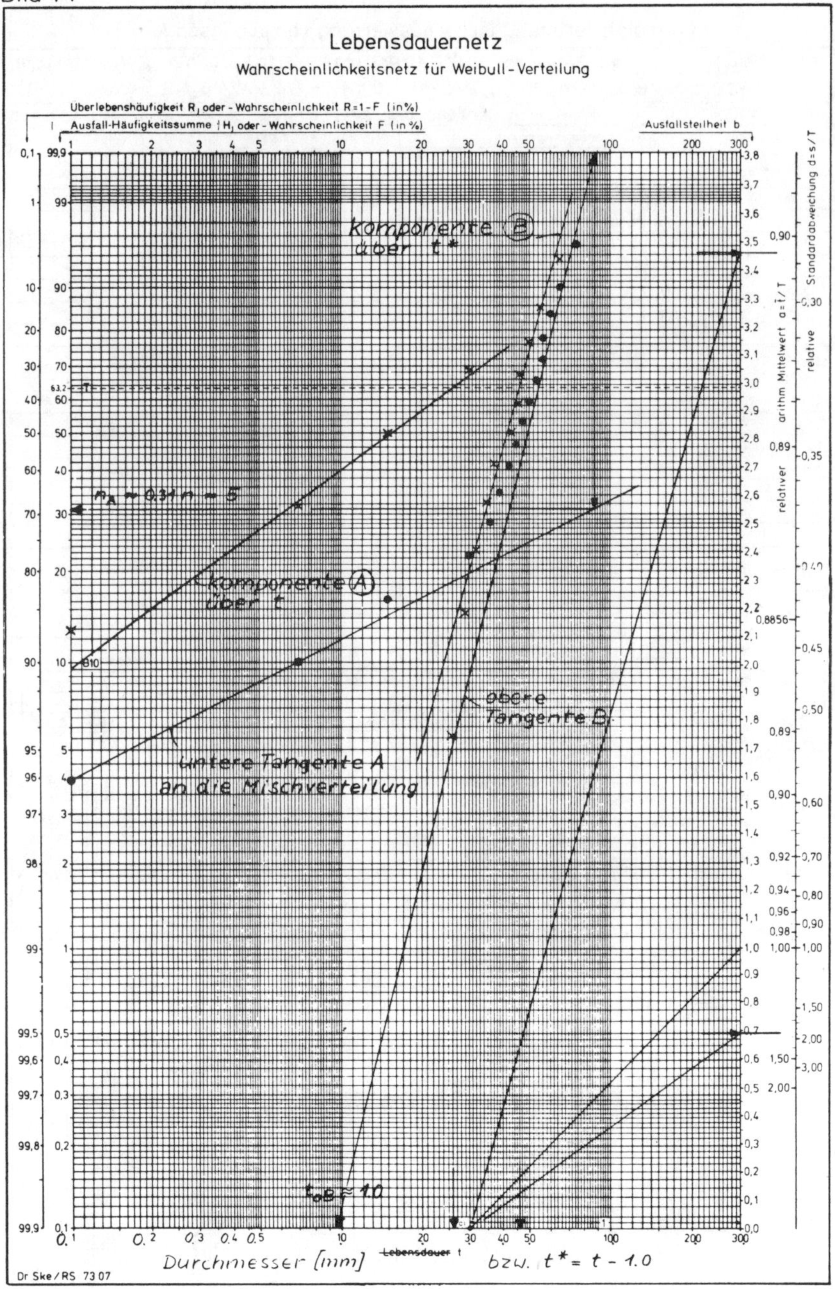

Lebensdauernetz
Wahrscheinlichkeitsnetz für Weibull-Verteilung
Überlebenshäufigkeit R_i oder - Wahrscheinlichkeit R=1-F (in%)
Ausfall-Häufigkeitssumme H_i oder - Wahrscheinlichkeit F (in %)
Ausfallsteilheit b
komponente B über t*
komponente A über t
$n_A \approx 0{,}31\ n = 5$
obere Tangente B
untere Tangente A an die Mischverteilung
$t_{oB} \approx 1.0$
Durchmesser [mm]
Lebensdauer t
bzw. t* = t - 1.0
relativer arithm. Mittelwert a=t/T
relative Standardabweichung d=s/T
Dr Ske/RS 73 07

Bild 15

Formblatt für statistische Auswertung von Lebensdauern

Vorgang: Prüfung einer Zellwolle auf Dauerbiegefestigkeit der Einzelfasern, Faserdoppelbiegungen [Quelle : GRAF - HENNING]

Datum: 1952 | Meßgröße/Einheit: Anzahl bis zum Bruch

Klassengrenzen oder Einzelwerte	Absolute Häufigkeit: Strichliste	Anzahl n_i	Klassen- oder Rang Nr j	G/ oder Häufigkeit % $h_i = n_i/\ldots$ *	Häufigkeitssumme in % H_i **	Überlebenshäufigkeit in % $R_i = 100 - H_{i-1}$ ***	Klassenausfall $a_i = h_i/R_i$ ***	Ausfallquote $\lambda_i = a_i/w$ ***
100 ··· 200	///	3		6	6	100	0.060	
200 ··· 300	~~////~~ ////	9		18	24	94	0.192	
300 ··· 400	~~////~~ ////	9		18	42	76	0.237	
400 ··· 500	~~////~~ ///	8		16	58	58	0.278	
500 ··· 600	~~////~~ /	6		12	70	42	0.286	
600 ··· 700	~~////~~	5		10	80	30	0.333	
700 ··· 800	///	3		6	86	20	0.300	
800 ··· 900	///	3		6	92	14	0.428	
900 ··· 1000	/	1		2	94	8	0.250	
1000 ··· 1100	/	1		2	96	6	0.333	
1100 ··· 1200	/	1		2	98	4	0.500	
1200 ··· 1300		0		0	98	2	0	
1300 ··· 1400	/	1		2	100	2	1.000	

Ausfallquote: wie Links $\cdot 10^{-2}$

Klassenbreite: w 100 | Stichprobenumfang: n 50

*) in Klassenmitte **) an obererer Klassengrenze ***) an untererer Klassengrenze

Graphische Ermittlung der Maßzahlen:					Zuverlässige Lebensdauer	B 10	74	+ t_0: 224
Ausgangswert	t_0	150	+ t_0		Zentralwert	$\tilde{t}$	300	450
Charakt. Lebensdauer	T	400	550	a 0.918	arithm. Mittelwert	$\bar{t} = a \cdot T$	367	517
Ausfallsteilheit	b	1.34		d 0.69	Standardabweichung	$s = d \cdot T$	276	

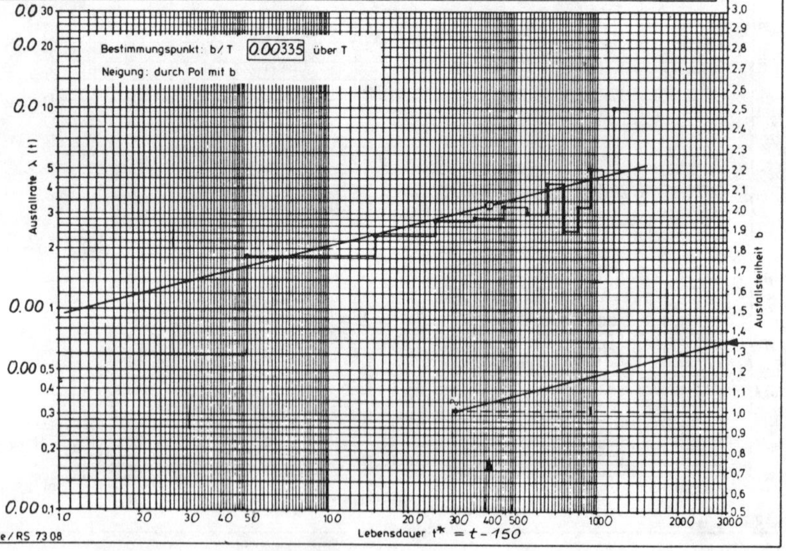

Dr Ske/RS 73 08

Bild 16

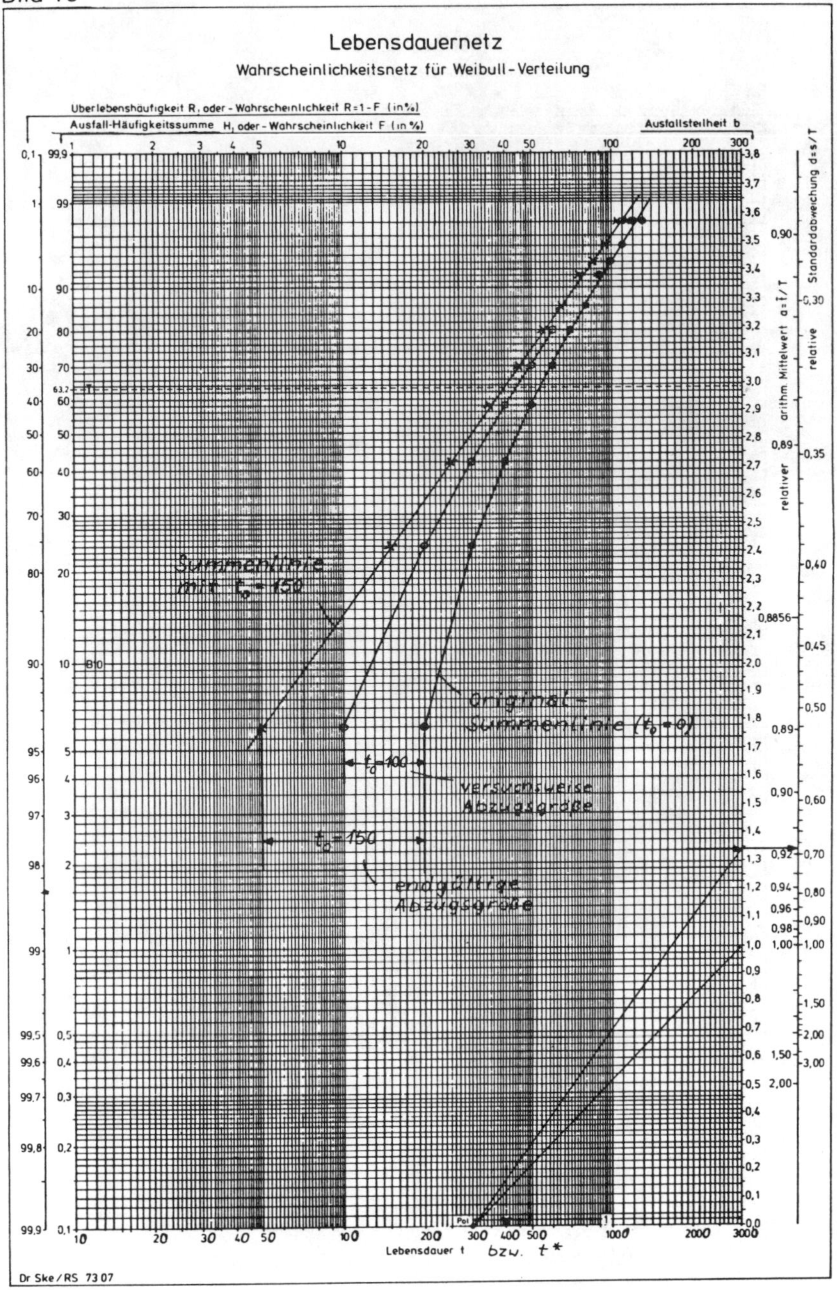

Lebensdauernetz
Wahrscheinlichkeitsnetz für Weibull-Verteilung
Überlebenshäufigkeit R, oder - Wahrscheinlichkeit R=1-F (in %)
Ausfall-Häufigkeitssumme H, oder - Wahrscheinlichkeit F (in %)
Ausfallsteilheit b
Summenlinie mit t_0 = 150
Original-Summenlinie (t_0 = 0)
t_0 = 100
versuchsweise Abzugsgröße
t_0 = 150
endgültige Abzugsgröße
relativer arithm. Mittelwert a=t̄/T
relative Standardabweichung d=s/T
Lebensdauer t bzw. t*
Dr Ske / RS 73 07

Bild 17

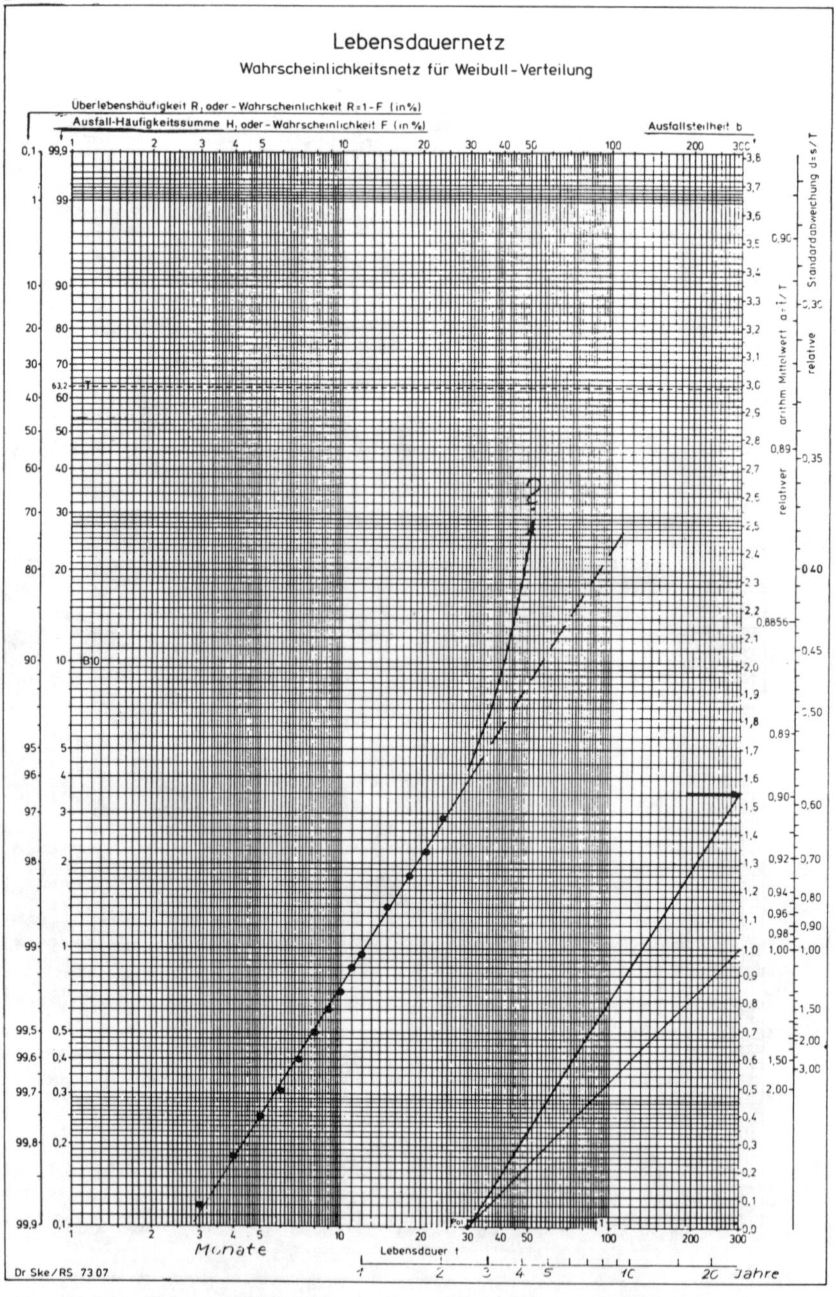

Lebensdauernetz
Wahrscheinlichkeitsnetz für Weibull-Verteilung
Überlebenshäufigkeit R, oder - Wahrscheinlichkeit R=1-F (in %)
Ausfall-Häufigkeitssumme H, oder - Wahrscheinlichkeit F (in %)
Ausfallsteilheit b
relativer arithm. Mittelwert a=t̄/T
relative Standardabweichung d=s/T
B10
Monate
Lebensdauer t
Jahre
Dr Ske/RS 73 07

Bild 18

Auswertungsvorschrift bei Prüfung bis zum ersten Bruch. L: Erste-Bruch-Linie mit l Prüflingen
K: extrapolierte, parallele Gesamtausfall-Linie mit Stützpunkt $(H_1, \tilde{t}_L)$

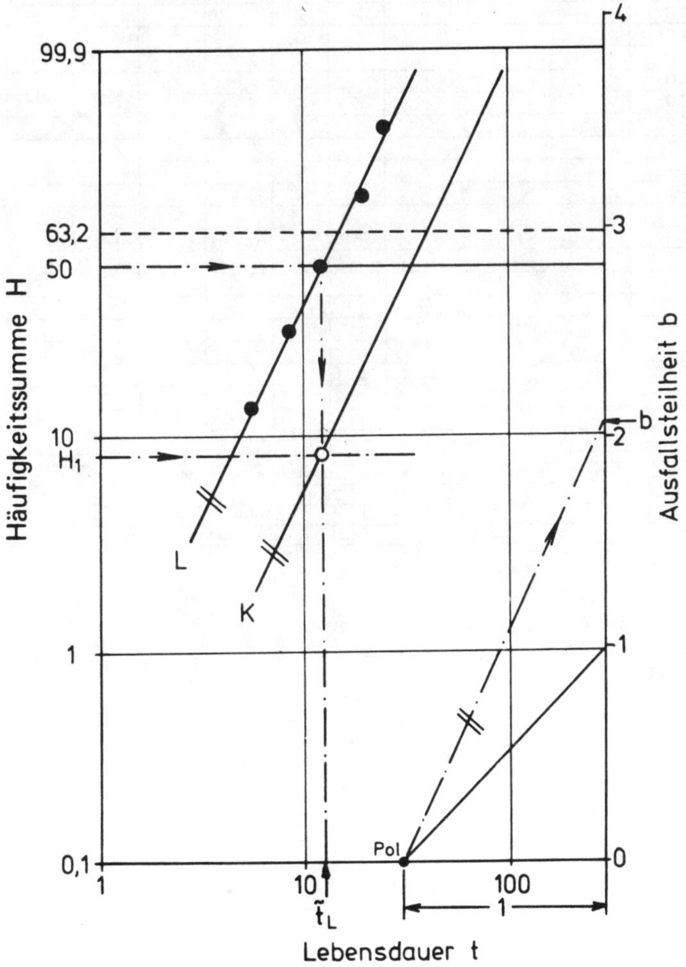

Bild 19

Formblatt für statistische Auswertung von Lebensdauern

Vorgang: *Reklamationsstatistik für Bruchschäden der Kopfschraube für den Planetenradträger von Schleppern [Quelle: BROHM-MEUTH]*

Datum: *5. 9. 73* Meßgröße/Einheit: *Laufstunden (Traktometer)*

Klassengrenzen ~~oder~~ Einzelwerte	Absolute Häufigkeit: Strichliste	Absolute Häufigkeit: Anzahl n_j	Klassen- ~~oder~~ Rang Nr. j	G_j oder Häufigkeit % $h_j = n_j/n$ *	Häufigkeitssumme in % H_j **	Überlebenshäufigkeit in % $R_j = 100 - H_{j-1}$ ***	Klassenausfall $a_j = h_j / R_j$ ***	Ausfallquote $\lambda_j = a_j / w$ ***
99			1					
200			2					
260			3					
300			4					
340			5					
430			6					
499			7					
512			8					
654			9					
760			10					

Gesamtumfang $n = 1075$ beobachtete Schlepper

Zahl der gedachten Lose $\ell = 10$ (Anzahl Reklamationen)

$$k = \frac{n+1}{\ell+1} = \frac{1076}{11} = 97.8$$

$$H_1 = \frac{1-0.3}{k+0.4} = \frac{0.7}{98.2} = 0.71\ \%$$

Klassenbreite: w   Stichprobenumfang: ~~n~~ ℓ *10*

*) in Klassenmitte **) an obererer Klassengrenze ***) an unterer Klassengrenze

Graphische Ermittlung der Maßzahlen: *extrapoliert*					Zuverlässige Lebensdauer	B 10	*1600*	$+t_0$: —
Ausgangswert	t_0	*0*	$+t_0$		Zentralwert	$\tilde{t}$		
Charakt. Lebensdauer	T	*5100*	—	a	arithm. Mittelwert	$\bar{t} = a \cdot T$		
Ausfallsteilheit	b	*1.9*		d	Standardabweichung	$s = d \cdot T$		

Bild 20

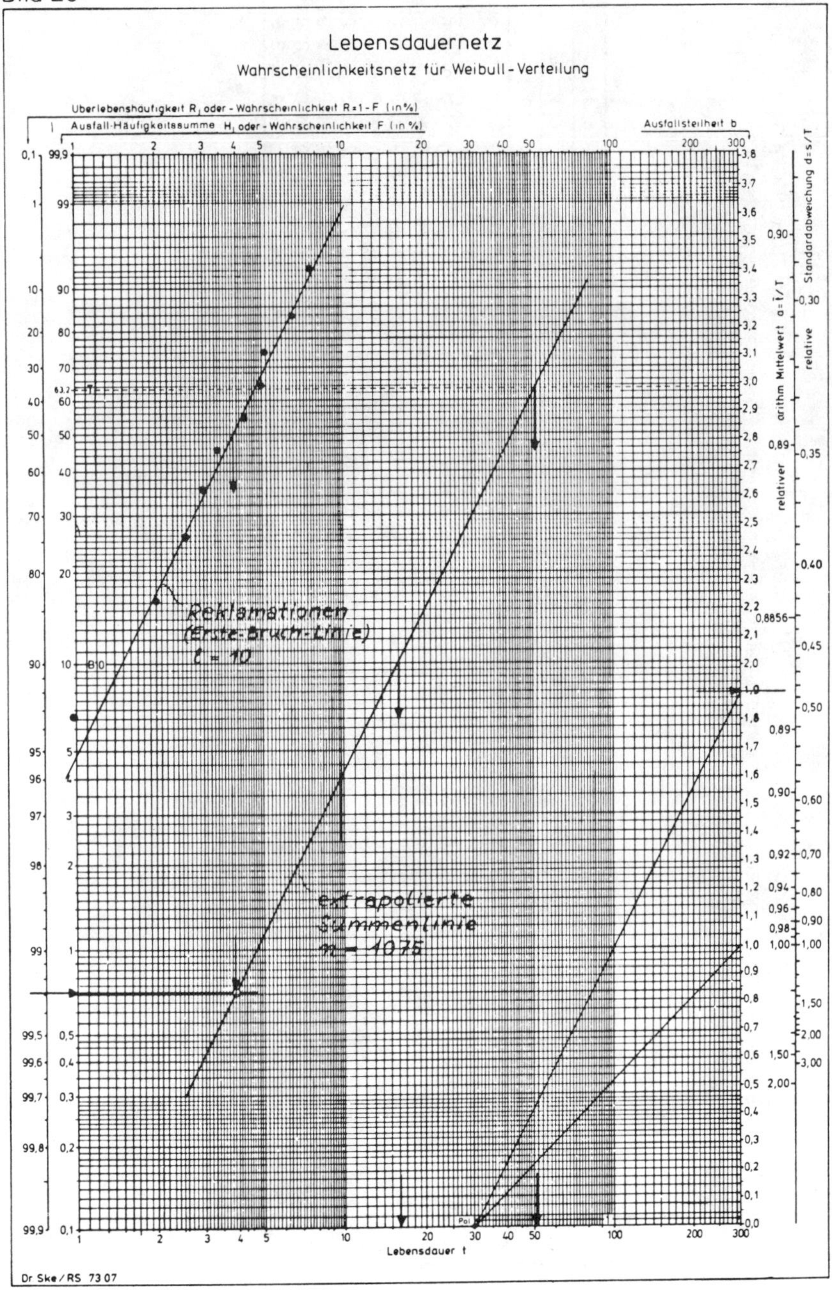

Lebensdauernetz
Wahrscheinlichkeitsnetz für Weibull-Verteilung
Überlebenshäufigkeit R_i oder - Wahrscheinlichkeit R=1-F (in %)
Ausfall-Häufigkeitssumme H_i oder - Wahrscheinlichkeit F (in %)
Ausfallsteilheit b
Reklamationen
(Erste-Bruch-Linie)
t = 10
B10
extrapolierte
Summenlinie
n = 1075
Pol
Lebensdauer t
relativer arithm. Mittelwert a = t̄/T
relative Standardabweichung d = s/T
Dr Ske/RS 73 07

Tabelle 1:

Häufigkeitssummen geordneter Einzelwerte *(j)* kleiner Stichproben ***n = 3 . . . 10*** zur Eintragung in Wahrscheinlichkeitsnetze (median ranks, Spalte „50") mit 5- und 95%-Vertrauensgrenzen (Spalten „5" und „95").

j	*n*																							
	3			4			5			6			7			8			9			10		
	5	50	95	5	50	95	5	50	95	5	50	95	5	50	95	5	50	95	5	50	95	5	50	95
1	1,7	20,6	63,2	1,3	15,9	52,7	1,0	12,9	45,1	0,8	10,9	39,3	0,7	9,4	34,8	0,6	8,3	31,2	0,6	7,4	28,3	0,5	6,7	25,9
2	13,5	50,0	86,5	9,8	38,6	75,1	7,6	31,4	65,7	6,3	26,4	58,2	5,3	22,8	52,1	4,6	20,1	47,1	4,1	18,0	42,9	3,7	16,2	39,4
3	36,8	79,4	98,3	24,9	61,4	90,2	18,9	50,0	81,1	15,3	42,1	72,9	12,9	36,4	65,9	11,1	32,0	60,0	9,8	28,6	55,0	8,7	25,9	50,7
4				47,3	84,1	98,7	34,3	68,6	92,4	27,1	57,9	84,7	22,5	50,0	77,5	19,3	44,0	71,1	16,9	39,3	65,5	15,0	35,5	60,8
5							54,9	87,1	99,0	41,8	73,6	93,7	34,1	63,6	87,1	28,9	56,0	80,7	25,1	50,0	74,9	22,2	45,2	69,6
6										60,7	89,1	99,2	47,9	77,2	94,7	40,0	68,0	88,9	34,5	60,7	83,1	30,4	54,8	77,8
7													65,2	90,6	99,3	52,9	79,9	95,4	45,0	71,4	90,2	39,3	64,5	85,0
8																68,8	91,7	99,4	57,1	82,0	95,9	49,3	74,1	91,3
9																			71,7	92,6	99,6	60,6	83,8	96,3
10																						74,1	93,3	99,5

(Nach L.G. Johnson u. Liebold-Grothkopp)

Tabelle 2:

Häufigkeitssummen geordneter Einzelwerte *(j)* für Stichproben vom Umfang ***n = 11 . . . 35*** zur Eintragung in Wahrscheinlichkeitsnetze (normal scores). Vertrauensgrenzen entnehme man dem Kurvenblatt, Nomogramm 1

j	*n*																								
	11	12	13	14	15	16	17	18	19	20	21	22	23	24	25	26	27	28	29	30	31	32	33	34	35
1	5,6	5,2	4,8	4,5	4,1	3,9	3,7	3,4	3,3	3,1	2,9	2,8	2,7	2,6	2,4	2,4	2,3	2,2	2,1	2,1	2,0	1,9	1,9	1,8	1,8
2	14,5	13,1	12,3	11,3	10,6	10,0	9,3	8,9	8,4	7,9	7,6	7,2	6,9	6,7	6,4	6,2	5,9	5,7	5,5	5,3	5,1	5,0	4,8	4,7	4,6
3	23,3	21,5	19,8	18,4	17,1	16,1	15,2	14,2	13,6	12,9	12,3	11,7	11,3	10,7	10,4	9,9	9,5	9,2	8,9	8,7	8,3	8,1	7,8	7,6	7,4
4	32,3	29,5	27,4	25,5	23,9	22,4	20,9	19,8	18,7	17,9	17,1	16,4	15,6	14,9	14,2	13,8	13,4	12,7	12,3	11,9	11,6	11,2	10,8	10,5	10,2
5	41,3	37,8	34,8	32,3	30,2	28,4	26,8	25,1	23,9	22,7	21,8	20,6	19,8	18,9	18,1	17,6	16,9	16,4	15,9	15,2	14,6	14,3	13,8	13,5	13,1
6	50,0	46,0	42,5	39,4	36,7	34,8	32,6	30,9	29,1	27,8	26,4	25,1	24,2	23,3	22,4	21,5	20,6	19,8	19,2	18,7	18,0	17,4	16,9	16,4	15,9
7	58,7	54,0	50,0	46,4	43,3	40,9	38,2	36,3	34,5	32,6	31,2	29,8	28,4	27,4	26,1	25,1	24,2	23,3	22,7	21,8	21,2	20,5	19,9	19,3	18,8
8	67,7	62,2	57,5	53,6	50,0	46,8	44,0	41,7	39,7	37,8	35,9	34,1	32,6	31,6	30,2	29,1	28,1	27,1	26,1	25,1	24,4	23,6	22,9	22,2	21,6
9	76,7	70,5	65,2	60,6	56,7	53,2	50,0	47,2	44,8	42,5	40,5	38,6	37,1	35,6	34,1	33,0	31,6	30,5	29,5	28,4	27,6	26,7	25,9	25,1	24,4
10	85,5	78,5	72,6	67,7	63,3	59,1	56,0	52,8	50,0	47,6	45,2	43,3	41,3	39,7	38,2	36,7	35,2	34,1	33,0	31,9	30,8	29,8	28,9	28,1	27,3
11	94,4	86,9	80,2	74,5	69,8	65,2	61,8	58,3	55,2	52,4	50,0	47,6	45,6	43,6	42,1	40,5	39,0	37,4	36,3	35,2	34,0	32,9	31,9	31,0	30,1
12		94,9	87,7	81,6	76,1	71,6	67,4	63,7	60,3	57,5	54,8	52,4	50,0	48,0	46,0	44,4	42,5	41,3	39,7	38,6	37,2	36,0	34,9	33,9	33,0
13			95,3	88,7	82,9	77,6	73,2	69,1	65,6	62,2	59,5	56,7	54,4	52,0	50,0	48,0	46,4	44,8	43,3	41,7	40,4	39,1	37,9	36,8	35,8
14				95,5	89,4	83,9	79,1	74,9	70,9	67,4	64,1	61,4	58,7	56,4	54,0	52,0	50,0	48,4	46,4	45,2	43,6	42,2	41,0	39,8	38,6
15					95,9	90,0	84,8	80,2	76,1	72,2	68,8	65,9	62,9	60,3	57,9	55,6	53,6	51,6	50,0	48,4	46,8	45,3	44,0	42,7	41,5
16						96,1	90,7	85,8	81,3	77,3	73,6	70,2	67,4	64,4	61,8	59,5	57,5	55,2	53,6	51,6	50,0	48,4	47,0	45,6	44,3
17							96,3	91,2	86,4	82,1	78,2	74,9	71,6	68,4	65,9	63,3	61,0	58,7	56,7	54,8	53,2	51,6	50,0	48,5	47,2
18								96,6	91,6	87,1	82,9	79,4	75,8	72,6	69,8	67,0	64,8	62,6	60,3	58,3	56,4	54,7	53,0	51,5	50,0
19									96,7	92,1	87,7	83,6	80,2	76,7	73,9	70,9	68,4	65,9	63,7	61,4	59,6	57,8	56,0	54,4	52,8
20										96,9	92,4	88,3	84,4	81,1	77,6	74,9	71,9	69,5	67,0	64,8	62,8	60,9	59,0	57,3	55,7
21											97,1	92,8	88,7	85,1	81,9	78,5	75,8	72,9	70,5	68,1	66,0	64,0	62,1	60,2	58,5
22												97,2	93,1	89,3	85,8	82,4	79,4	76,7	73,9	71,6	69,2	67,1	65,1	63,2	61,4
23													97,3	93,3	89,6	86,2	83,1	80,2	77,3	74,9	72,4	70,2	68,1	66,1	64,2
24														97,4	93,6	90,2	86,6	83,6	80,8	78,2	75,6	73,3	71,1	69,0	67,0
25															97,6	93,8	90,5	87,3	84,1	81,3	78,8	76,4	74,1	71,9	69,9
26																97,6	94,1	90,8	87,7	84,8	82,0	79,5	77,1	74,9	72,7
27																	97,7	94,3	91,2	88,1	85,2	82,6	80,1	77,8	75,6
28																		97,8	94,5	91,3	88,4	85,7	83,1	80,7	78,4
29																			97,9	94,7	91,7	88,8	86,2	83,6	81,2
30																				97,9	94,8	91,9	89,2	86,5	84,1
31																					98,0	95,0	92,2	89,5	86,9
32																						98,1	95,2	92,4	89,8
33																							98,1	95,3	92,6
34																								98,2	95,4
35																									98,2

(Nach Henning-Wartmann)

Tabelle 3:

Häufigkeitssummen geordneter Einzelwerte *(j)* für Stichproben vom Umfang ***n = 36 . . . 52*** zur Eintragung in Wahrscheinlichkeitsnetze (normal scores). Vertrauensgrenzen entnehme man dem Kurvenblatt, Nomogramm 1

j	*n*																	*j*
	36	37	38	39	40	41	42	43	44	45	46	47	48	49	50	51	52	
1	1,71	1,66	1,62	1,57	1,53	1,50	1,46	1,43	1,39	1,36	1,33	1,30	1,28	1,25	1,23	1,20	1,18	1
2	4,42	4,30	4,19	4,08	3,98	3,88	3,79	3,70	3,62	3,54	3,46	3,38	3,31	3,24	3,18	3,12	3,06	2
3	7,17	6,98	6,80	6,63	6,46	6,30	6,15	6,01	5,88	5,74	5,61	5,50	5,38	5,27	5,17	5,07	4,97	3
4	9,94	9,68	9,43	9,18	8,95	8,74	8,52	8,33	8,14	7,96	7,78	7,62	7,47	7,31	7,16	7,02	6,89	4
5	12,71	12,36	12,04	11,74	11,45	11,16	10,90	10,64	10,40	10,17	9,96	9,75	9,54	9,34	9,16	8,98	8,80	5
6	15,48	15,06	14,66	14,28	13,94	13,59	13,26	12,97	12,67	12,38	12,12	11,86	11,62	11,37	11,16	10,93	10,73	6
7	18,25	17,75	17,28	16,83	16,43	16,01	15,65	15,29	14,94	14,59	14,28	13,98	13,70	13,41	13,14	12,88	12,63	7
8	21,01	20,44	19,91	19,38	18,92	18,46	18,01	17,59	17,21	16,83	16,45	16,11	15,77	15,46	15,13	14,85	14,55	8
9	23,76	23,12	22,51	21,95	21,39	20,87	20,38	19,91	19,46	19,02	18,62	18,22	17,85	17,49	17,13	16,80	16,48	9
10	26,53	25,82	25,14	24,51	23,89	23,30	22,75	22,21	21,71	21,24	20,78	20,36	19,91	19,52	19,13	18,75	18,38	10
11	29,29	28,50	27,76	27,06	26,37	25,72	25,11	24,54	23,98	23,45	22,93	22,45	22,01	21,53	21,13	20,70	20,30	11
12	32,06	31,17	30,36	29,60	28,88	28,16	27,49	26,86	26,24	25,66	25,11	24,57	24,07	23,58	23,12	22,66	22,21	12
13	34,83	33,87	33,00	32,13	31,35	30,57	29,87	29,18	28,50	27,89	27,29	26,70	26,14	25,62	25,11	24,60	24,13	13
14	37,56	36,58	35,61	34,72	33,83	33,00	32,24	31,49	30,78	30,08	29,43	20,81	28,23	27,66	27,09	26,57	26,04	14
15	40,32	39,34	38,21	37,26	36,32	35,46	34,61	33,80	33,03	32,31	31,60	30,92	30,29	29,67	29,08	28,50	27,96	15
16	43,09	41,92	40,83	39,78	38,82	37,87	36,96	36,13	35,31	34,53	33,76	33,07	32,38	31,70	31,07	30,47	29,87	16
17	45,86	44,63	43,45	42,35	41,29	40,28	39,32	38,44	37,56	36,73	35,94	35,16	34,46	33,72	33,07	32,42	31,81	17
18	48,60	47,33	46,06	44,91	43,76	42,70	41,72	40,75	39,82	38,94	38,09	37,30	36,50	35,76	35,05	34,38	33,72	18
19	51,40	50,00	48,68	47,45	46,26	45,14	44,08	43,05	42,07	41,14	40,25	39,40	38,59	37,79	37,07	36,32	35,64	19
20	54,14	52,67	51,32	50,00	48,76	47,57	46,45	45,38	44,35	43,37	42,43	41,53	40,67	39,82	39,05	38,29	37,56	20
21	56,91	55,37	53,94	52,55	51,24	50,00	48,80	47,69	46,61	45,58	44,59	43,64	42,74	41,88	41,02	40,25	39,45	21
22	59,68	58,08	56,55	55,09	53,74	52,43	51,20	50,00	48,88	47,77	46,73	45,78	44,83	43,92	43,01	42,19	41,37	22
23	62,44	60,76	59,17	57,65	56,24	54,86	53,55	52,31	51,12	50,00	48,92	47,89	46,89	45,94	45,03	44,16	43,29	23
24	65,17	63,42	61,79	60,22	58,71	57,30	55,92	54,62	53,39	52,23	51,08	50,00	48,96	47,97	47,01	46,10	45,22	24
25	67,94	66,13	64,39	62,74	61,18	59,72	58,28	56,95	55,64	54,42	53,27	52,11	51,04	50,00	49,00	48,05	47,13	25
26	70,71	68,83	67,00	65,28	63,68	62,13	60,68	59,25	57,93	56,63	55,41	54,22	53,11	52,03	51,00	50,00	49,04	26
27	73,47	71,50	69,64	67,87	66,17	64,54	63,04	61,56	60,18	58,86	57,57	56,38	55,17	54,06	52,99	51,95	50,96	27
28	76,24	74,18	72,24	70,40	68,65	67,00	65,39	63,87	62,44	61,06	59,75	58,47	57,26	56,08	54,97	53,90	52,87	28
29	78,99	76,88	74,86	72,94	71,12	69,43	67,76	66,20	64,69	63,27	61,91	60,60	59,33	58,12	56,99	55,84	54,78	29
30	81,75	79,56	77,49	75,49	73,63	71,84	70,13	68,51	66,97	65,47	64,06	62,70	61,41	60,18	58,98	57,81	56,71	30
31	84,52	82,25	80,09	78,05	76,11	74,28	72,51	70,82	69,22	67,69	66,24	64,84	63,50	62,21	60,95	59,75	58,63	31
32	87,29	84,94	82,72	80,62	78,61	76,70	74,89	73,14	71,50	69,92	68,40	66,93	65,54	64,24	62,93	61,71	60,53	32
33	90,06	87,64	85,34	83,17	81,08	79,13	77,25	75,46	73,76	72,11	70,54	69,08	67,62	66,28	64,95	63,68	62,44	33
34	92,83	90,32	87,96	85,72	83,57	81,54	79,62	77,79	76,02	74,34	72,71	71,19	69,71	68,30	66,93	65,62	64,36	34
35	95,58	93,02	90,57	88,26	86,06	83,99	81,99	80,09	78,29	76,55	74,89	73,30	71,77	70,33	68,93	67,58	66,28	35
36	98,29	95,70	93,20	90,82	88,55	86,41	84,35	82,41	80,54	78,76	77,07	75,43	73,86	72,34	70,92	69,53	68,19	36
37		98,34	95,81	93,37	91,05	88,84	86,74	84,71	82,79	80,98	79,22	77,55	75,93	74,38	72,91	71,50	70,13	37
38			98,38	95,92	93,54	91,26	89,10	87,03	85,06	83,17	81,38	79,64	77,99	76,42	74,89	73,43	72,04	38
39				98,43	96,02	93,70	91,48	89,36	87,33	85,41	83,55	81,78	80,09	78,47	76,81	75,40	73,96	39
40					98,47	96,12	93,85	91,67	89,60	87,42	85,72	83,89	82,15	80,48	78,87	77,34	75,87	40
41						98,50	96,21	93,99	91,86	89,83	87,88	86,02	84,23	82,51	80,87	79,30	77,79	41
42							98,54	96,30	94,12	92,04	90,04	88,14	86,30	84,54	82,87	81,25	79,70	42
43								98,57	96,38	94,26	92,22	90,25	88,38	86,59	84,87	83,20	81,62	43
44									98,61	96,46	94,39	92,38	90,46	88,63	86,86	85,15	83,52	44
45										98,64	96,54	94,50	92,53	90,66	88,84	87,12	85,45	45
46											98,67	96,62	94,62	92,69	90,84	89,07	87,37	46
47												98,70	96,69	94,73	92,85	91,02	89,27	47
48													98,72	96,76	94,83	92,98	91,20	48
49														98,75	96,82	94,93	93,11	49
50															98,77	96,88	95,03	50
51																98,80	96,94	51
52																	98,82	52

(Nach Göldner)

Nomogramm 1:

Grenzen zur Konstruktion des Unsicherheitsbandes in Wahrscheinlichkeitsnetzen (maximal 11 obere und untere Punkte). Interpolierte zweiseitige 90%-Vertrauensgrenzen für Häufigkeitssummen geordneter Stichproben (HENNING – WARTMANN)

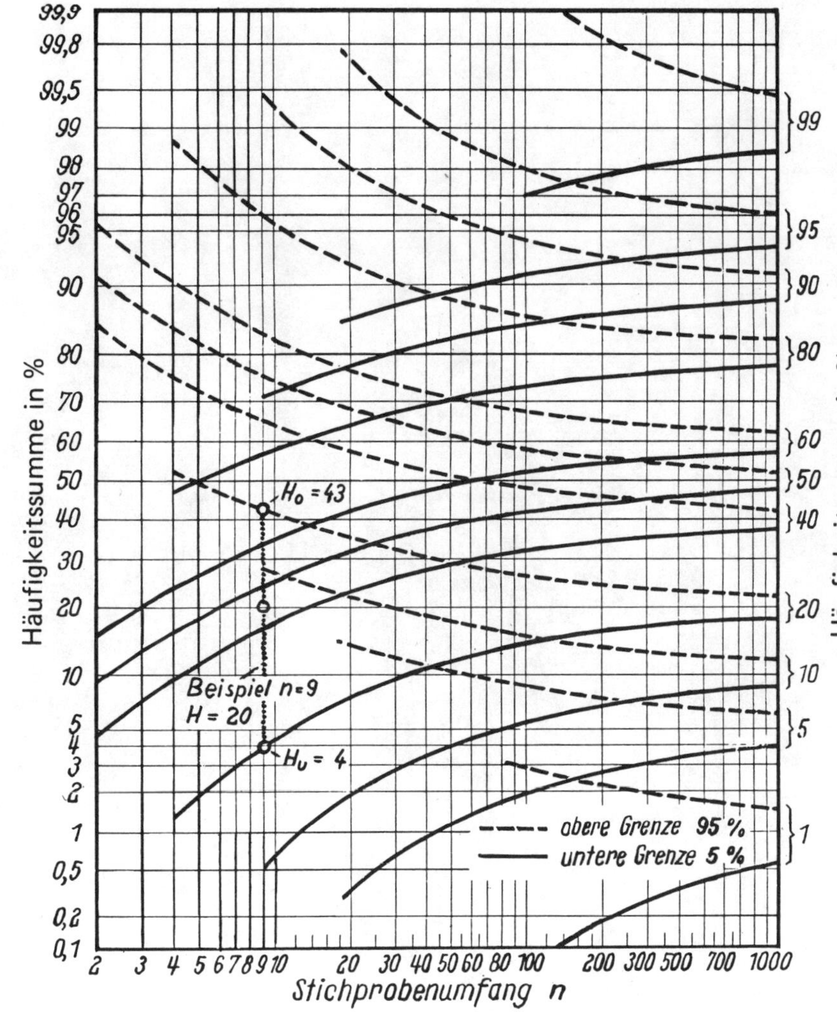

Gesamtherstellung: Druckhaus Darmstadt GmbH